수학영재 핵심 용어 해설 1

수와 연산 영역

류성림 · 이종학 · 김경탁 · 서지수 지음

KM 경문사

머리말

preface

저자들은 2002년 영재교육진흥법이 제정된 이후에 많게는 15년, 적게는 10년 이상 영재교육을 하면서 수학영재들과 지도교사에게 필요한 것이 무엇인가를 고민하게 되었습니다. 장고 끝에 필요하면 언제든지 찾아볼 수 있는 수학영재 프로그램과 관련된 기본적인 용어에 대한 사전과 같은 서적이 필요하지 않을까 하는 생각에 이 책을 출간하게 되었습니다.

책을 출간하면서 구성에 대해 많은 고민을 하였습니다. 분량도 적절하면서 쉽게 읽고 이해할 수 있는 방향으로 정하고 용어의 명료한 정의, 필요성 또는 역사적 배경, 용어와 관련하여 예제 중심의 내용 탐구와 마지막에는 도전 문제로 마무리할 수 있도록 하였습니다. 다시 말하면 사전식 설명에 학습서의 성격을 갖춘 책이라 볼 수 있습니다.

예를 들면, '단위분수'의 구성을 살펴보겠습니다.

〈◀ 단위분수란?〉에서는 단위분수의 개념을 예를 들어 간단명료하게 설명하였습니다. 용어의 경우 필요하면 영어 명칭과 한자를 병용하여 나타내기도 하였습니다. 〈◀ 단위분수로만 나타낸 이집트 분수〉에서는 이집트 분수의 표기에 대한 역사적 유래와 당시의 표기 방법과 그 이유에 대해 소개하였습니다.

〈◀ 단위분수의 분해 탐구〉에서는 고대 이집트인들의 물건을 나누는 방법과 더불어 이집트인과 같이 다양한 단위분수의 합으로 나타내는 탐구 활동으로 구성하였습니다. 탐구 활동에는 '[1] 분모를 몫으로 하는 나눗셈식을 이용한 단위분수 만들기', '[2] 분모의 합을 이용한 단위분수 만들기', '[3] 분모의 배수를 이용한 단위분수 만들기', '[4] 완전수를 이용한 단위분수 만들기'의 내용이 소개되어 있습니다.

〈◀ Challenge〉에서는 앞의 탐구 활동을 통해 배운 원리를 이용하여 도전 문제로 확인해 보는 것입니다. 탐구 활동 내용을 이해했다면 누구나 쉽게 해결할 수 있는 중수준 이하의 문제와 창의성이 요구되는 고난도의 문제를 적절히 안배하여 영재들의 호기심과 도전 정신을 일깨우려고 하였습니다. 물론 풀이와 답은 그 다음 쪽에서 확인하여 틀린 문제는 즉석에서 바로 검토할 수 있도록 배려하였습니다.

수학영재의 특성 중에 뛰어난 암기력이 있긴 하지만 수학 내용을 무조건 암기하기보다는 이해를 바탕으로 하여 새로운 문제에 적용하는 습관을 갖지 않으면 장기적으로 수학을 잘할 수 없다는 것은 널리 알려진 사실입니다. 이 책과 같이 개념과 원리에 대해 예를 중심으로 정의와 방법을 학습하고 확인하는 습관을 갖는다면 수학영재로서 창의적이고 좋은 문제해결자가 되리라 생각합니다.

영재교육원이나 영재학급에 다니는 학생이든 또는 혼자서 독학을 하는 영재이든 이 책을 옆에 두고 언제든지 필요할 때 활용한다면 성공적인 학습자가 되리라 믿습니다.

물론 이 책은 영재 학생들만을 위한 것은 아닙니다. 영재를 지도하는 교사도 이 책을 활용한다면 보다 좋은 영재지도교사가 될 것이라 확신합니다. 이 책에서는 먼저 '수와 연산 영역'에 대한 내용을 정리해 놓았지만 조만간 다른 영역에 대해서도 시리즈로 출간할 것입니다. 많은 성원 바랍니다.

끝으로 이 책을 출간하는 데 도움을 주신 경문사 가족 여러분들에게 감사의 말을 전합니다.

2017년 3월
저자 일동

차례

contents

검산법

검산이란?

계산 결과가 옳은지 그른지를 검사하기 위한 계산을 검산이라 합니다. 같은 방법으로 계산할 경우에는 앞서 행한 실수를 반복할 우려가 있기 때문에 다른 방법을 사용해서 확인합니다.

검산은 왜 필요할까요?

아이들은 계산에서 자주 실수를 합니다. 문제 푸는 방법을 정확히 알고 있었고, 모든 것을 올바른 방법으로 계산했다고 생각하지만 틀리는 경우가 많습니다. 아이들이 틀리는 데에는 실수로 숫자를 잘못 읽거나 잘못 옮겨 적는 등의 다양한 이유가 있습니다.

그래서 아이들은 자신이 구한 답이 맞는지, 오류가 없는지 검산할 필요가 있습니다. 그러나 알고 있는 유일한 검산 방법으로 계산을 한 번 더 해보는 것이 보통입니다. 만약 다시 계산해서 다른 답이 나왔다면 어디서 실수를 했을까요? 첫 번째 계산한 답이 옳은지, 두 번째 계산한 답이 옳은지 혼란이 생기게 됩니다. 그래서 다시 한 번 계산을 해야만 합니다. 만약 세 번의 계산에서 두 개의 답이 일치한다면 아마 그것이 옳은 답일 것입니다. 그러나 때에 따라 실수를 두 번 했을 수도 있습니다. 그렇다고 해서 세 번씩 문제를 풀어보지는 않습니다. 따라서 검산을 할 때에는 다른 방법으로 해결해보는 것이 좋습니다. 또 다른 문제 해결 방법인 '치환수를 이용한 방법' 혹은 '구거법(casting out nines)'이라고 하는 방법이 필요한 것입니다.

검산법 탐구

1 곱셈 검산법

▶ 치환수를 이용한 방법

검산을 하기 위해서 우리가 계산했던 실제의 숫자 대신 치환수를 이용합니다. 예를 들어 살펴봅시다.

• 13 × 14 = 182를 검산해 봅시다.

① 13의 각 자리 숫자를 더해서 치환수를 구합니다.

$$1 + 3 = 4\text{(13의 치환수)}$$

② 14의 각 자리 숫자를 더해서 치환수를 구합니다.

$$1 + 4 = 5\text{(14의 치환수)}$$

③ 치환수를 이용해 계산합니다. 계산 결과의 각 자리 숫자를 더해 한 자리 수로 만듭니다.

$$4 \times 5 = 20$$
$$2 + 0 = 2\text{(검산 결과)}$$

④ 원래의 답의 각 자리 숫자를 더합니다. 한 자리 수가 될 때까지 각 자리 숫자를 다시 더합니다.

$$1 + 8 + 2 = 11$$
$$1 + 1 = 2$$

⑤ 치환수로 구한 검산 결과와 같으면 옳은 답입니다.

$$13 \times 14 = 182 \text{ (→ 각 자리 숫자 합 : 2)}$$
$$\downarrow \text{ (치환수로 변환)}$$
$$4 \times 5 = 20 \text{ (→ 각 자리 숫자 합 : 2)}$$

▶ 구거법-9를 제거하는 방법

계산 중 어느 곳에서든지 9를 찾았다면 9를 빼고 계산 과정을 좀 더 간단하게 할 수 있습니다. 위의 계산 과정 중에서 1+8+2=11, 1+1=2의 두 번의 과정을 거쳤습니다. 여기서 1+8=9이므로 9를 없애면 2만 남게 되므로 계산이 좀 더 간단해집니다.

- 13 × 15 = 195를 검산해 봅시다.

① 13의 각 자리 숫자를 더해서 치환수를 구합니다.

1 + 3 = 4(13의 치환수)

② 15의 각 자리 숫자를 더해서 치환수를 구합니다.

1 + 5 = 6(15의 치환수)

③ 치환수를 이용해 계산합니다. 계산 결과의 각 자리 숫자를 더해 한 자리 수로 만듭니다.

4 × 6 = 24
2 + 4 = 6(검산 결과)

④ 원래의 답의 각 자리 숫자를 더합니다. 한 자리 수가 될 때까지 각 자리 숫자를 다시 더합니다.

1 + 9̸ + 5 = 6(9는 제거합니다.)

⑤ 치환수로 구한 검산 결과와 같으면 옳은 답입니다.

13 × 15 = 19̸5 (→ 각 자리 숫자 합 : 6)
↓(치환수로 변환)
4 × 6 = 24 (→ 각 자리 숫자 합 : 6)

치환수를 이용하는 방법과 다른 방법은 아니지만, 계산 과정의 수고를 덜 수 있는 방법입니다.

• 167 × 346 = 57782를 검산해 봅시다.

① 167의 각 자리 숫자를 더해서 치환수를 구합니다.

$$1 + 6 + 7 = 14$$
$$1 + 4 = 5(167\text{의 치환수})$$

② 346에서 3 + 6 = 9이므로 제거하고 치환수를 구합니다.

$$\cancel{3}4\cancel{6} = 4(346\text{의 치환수})$$

③ 치환수를 이용해 계산합니다. 계산 결과의 각 자리 숫자를 더해 한 자리 수로 만듭니다.

$$5 \times 4 = 20$$
$$2 + 0 = 2(\text{검산 결과})$$

④ 원래의 답의 각 자리 숫자를 더합니다. 7 + 2 = 9이므로 제거하고 한 자리 수가 될 때까지 각 자리 숫자를 다시 더합니다.

$$5 + 7 + 8 = 20$$
$$2 + 0 = 2$$

⑤ 치환수로 구한 검산 결과와 같으면 옳은 답입니다.

$$167 \times \cancel{3}4\cancel{6} = 5\cancel{7}78\cancel{2}\ (\rightarrow \text{각 자리 숫자 합 : 2})$$
$$\downarrow (\text{치환수로 변환})$$
$$5 \times 4 = 20\ (\rightarrow \text{각 자리 숫자 합 : 2})$$

2 덧셈 검산법

앞의 곱셈의 검산과 마찬가지로 구거법은 덧셈의 검산에도 활용됩니다. 예를 들어 살펴봅시다.

• 12345 + 67890 + 42735 + 21865 = 144835를 검산해 봅시다.

① 12345의 각 자리 숫자를 더해서 치환수를 구합니다. 9가 되는 수는 빼고 계산합니다.

$$1 + 2 + 3 + \cancel{4} + \cancel{5} = 6(12345\text{의 치환수})$$

② 67890의 각 자리 숫자를 더해서 치환수를 구합니다. 9가 되는 수는 빼고 계산합니다.

$$6 + 7 + 8 + 9 + 0 = 21$$
$$2 + 1 = 3 \text{(67890의 치환수)}$$

③ 42735의 각 자리 숫자를 더해서 치환수를 구합니다. 9가 되는 수는 빼고 계산합니다.

$$4 + 2 + 7 + 3 + 5 = 3 \text{(42735의 치환수)}$$

④ 21865의 각 자리 숫자를 더해서 치환수를 구합니다. 9가 되는 수는 빼고 계산합니다.

$$2 + 1 + 8 + 6 + 5 = 13$$
$$1 + 3 = 4 \text{(21865의 치환수)}$$

⑤ 원래의 답 144835에서 각 자리 숫자를 더합니다. 9가 되는 수는 빼고 계산합니다.

$$1 + 4 + 4 + 8 + 3 + 5 = 7 \text{(144835의 치환수)}$$

⑥ 치환수로 구한 검산 결과와 같으면 옳은 답입니다.

$$12345 + 67890 + 42735 + 21865 = 144835 \text{(→ 각 자리 숫자 합 : 7)}$$
↓(치환수로 변환)
$$6 + 3 + 3 + 4 = 7 \text{(→ 각 자리 숫자 합 : 7)}$$

이제 검산법이 익숙해졌다면 치환수와 구거법을 이용하여 다음 문제를 해결해 봅시다.

• **25137 + 15463 + 51684 + 25170을 계산하고 바르게 계산했는지 검산해 봅시다.**

① 25137의 각 자리 숫자를 더해서 치환수를 구합니다. 9가 되는 수는 빼고 계산합니다.

$$2 + 5 + 1 + 3 + 7 = 0 \text{(25137의 치환수)}$$

② 15463의 각 자리 숫자를 더해서 치환수를 구합니다. 9가 되는 수는 빼고 계산합니다.

1 + 5 + 4 + 6 + 3 = 1(15463의 치환수)

③ 51684의 각 자리 숫자를 더해서 치환수를 구합니다. 9가 되는 수는 빼고 계산합니다.

5 + 1 + 6 + 8 + 4 = 6(51684의 치환수)

④ 25170의 각 자리 숫자를 더해서 치환수를 구합니다. 9가 되는 수는 빼고 계산합니다.

2 + 5 + 1 + 7 + 0 = 6(25170의 치환수)

⑤ 치환수를 이용해 계산합니다.

1 + 6 + 6 = 13
1 + 3 = 4

⑥ 원래 구한 답의 각 자리 숫자의 합이 4입니까? 그러면 앞의 계산은 맞습니다.

3 뺄셈 검산법

뺄셈에서 답을 확인하는 방법은 덧셈의 검산과 거의 비슷하지만 조금 다릅니다. 다음의 예를 통해 확인해 봅시다.

• 8465 - 2897 = 5568을 검산해 봅시다.

① 8465의 각 자리 숫자를 더해 치환수를 구합니다. 9가 되는 수는 빼고 계산합니다.

8 + 4 + 6 + 5 = 14
1 + 4 = 5(8465의 치환수)

② 2897의 각 자리 숫자를 더해서 치환수를 구합니다. 9가 되는 수는 빼고 계산합니다.

2 + 8 + 9 + 7 = 8(2897의 치환수)

③ 원래의 답 5568의 각 자리 숫자를 더합니다. 9가 되는 수는 빼고 계산합니다.

5 + 5 + 6 + 8 = 24
2 + 4 = 6(5568의 치환수)

④ '5 − 8'의 답을 구해 6이 되는지를 확인해야 계산이 바르게 되었는지 확인할 수 있습니다. 이를 확인할 수 있는 방법은 두 가지가 있습니다.

(i) 피감수(앞의 수)의 치환수에 9를 더한 후 계산합니다.

$$5 + 9 = 14$$
$$14 - 8 = 6$$

원래 답의 치환수와 같으므로 계산 결과는 맞습니다.

(ii) 덧셈을 함으로써 문제를 거꾸로 풀 수 있습니다. 감수(뒤의 수)에 답을 더해서 원래 수가 나오면 답인 맞는 것입니다. 원래대로 하면 $5 - 8 = 6$이어야 하지만, 이렇게 계산할 수 없으므로 덧셈으로 바꾸어 계산합니다.

$$6 + 8 = 14$$
$$1 + 4 = 5$$

⑤ 치환수로 구한 검산 결과와 같으므로 옳은 답입니다.

$$8\cancel{4}6\cancel{5} - \cancel{2}89\cancel{7} = 5568$$ (→ 각 자리 숫자 합: 6)

↓(치환수로 변환)

$$5 - 8 = 6$$ (→ 각 자리 숫자 합: 6)

• 5672 − 2596을 계산하고 바르게 계산했는지 검산해 봅시다.

① 5672의 각 자리 숫자를 더해서 치환수를 구합니다. 9가 되는 수는 빼고 계산합니다.

$$5 + 6 + \cancel{7} + \cancel{2} = 11$$
$$1 + 1 = 2$$ (5672의 치환수)

② 2596의 각 자리 숫자를 더해서 치환수를 구합니다. 9가 되는 수는 빼고 계산합니다.

$$2 + 5 + \cancel{9} + 6 = 13$$
$$1 + 3 = 4$$ (2596의 치환수)

③ 치환수를 이용해 계산합니다.

$$(2 + 9) - 4 = 7$$

④ 원래 구한 답의 각 자리 숫자의 합이 7입니까? 그러면 앞의 계산은 맞습니다.

4 나눗셈 검산법

나눗셈도 검산을 하기 위해 곱셈, 덧셈에서 사용한 방법과 같은 방법을 쓸 수 있습니다. 다음의 예를 통해 확인해 봅시다.

• 42 ÷ 2 = 21을 검산해 봅시다.

① 42의 각 자리 숫자를 더해 치환수를 구합니다.

$$4 + 2 = 6(42\text{의 치환수})$$

② $6 \div 2 = 3$이고 답 21에서 치환수는 $2+1=3$이므로 맞습니다.

위의 예는 계산이 간단하고 설명이 필요 없습니다. 좀 더 복잡한 예를 통해 확인해 봅시다.

• 161 ÷ 7 = 23을 검산해 봅시다.

① 161의 각 자리 숫자를 더해서 치환수를 구합니다. 9가 되는 수는 빼고 계산합니다.

$$1 + 6 + 1 = 8(161\text{의 치환수})$$

② 치환수를 대입해서 문제를 보면 $8 \div 7 = 5$가 되고 이는 맞지 않습니다. 이 경우에는 뺄셈에서와 같이 역연산을 이용해 해결합니다.

③ $8 \div 7 = 5$에서 $5 \times 7 = 35$이고 $3+5=8$입니다. 따라서 답이 옳다는 것을 알 수 있습니다.

그렇다면 나머지가 있는 나눗셈은 어떻게 검산할까요? 다음 예를 통해 확인해 봅시다.

• 165 ÷ 7 = 23…4를 검산해 봅시다.

① 나머지가 있는 나눗셈의 검산에서 구거법을 적용할 때는 나눗셈을 곱셈으로 고쳐서 나타냅니다.

$$23 \times 7 = 165 - 4 = 161$$

② 치환수를 이용하면 등식이 다음과 같이 됩니다.

$$5 \times 7 = 8$$

③ $5 \times 7 = 35$, $3 + 5 = 8$이므로 답이 옳다는 것을 알 수 있습니다.

단, 주의해야 할 점이 있습니다. 구거법은 소수점 아래 어떤 자리에서 반올림한 수에는 적용할 수 없습니다. 즉, 구거법은 답이 정수일 때만 사용할 수 있습니다.

5 11로 나눈 나머지 법칙을 이용한 검산법

11로 나눈 나머지 법칙은 검산을 하는 또 다른 쉬운 방법입니다. 이 방법은 구거법보다 소수점이 잘못 찍히거나 0이 하나 더 적히거나 덜 적힌 것을 찾는 데 유리합니다. 또한 구거법과 함께 써서 재검산을 하는 데에도 유용합니다.

이제부터 11로 나눈 나머지를 찾는 두 가지 방법을 살펴봅시다. 두 자리 수에서 11의 나머지를 찾는 방법은 쉽습니다. 일의 자리 숫자에서 십의 자리 숫자를 빼면 되는데, 일의 자리 숫자가 십의 자리 숫자보다 작을 경우에는 11을 더해주고 빼면 됩니다. 다음 예에서 살펴봅시다.

- $13 \times 14 = 182$를 검산해 봅시다.

① 첫 번째 수는 13입니다. 일의 자리 숫자 3에서 십의 자리 숫자 1을 빼면 2가 됩니다. 따라서 13을 11로 나눈 나머지는 2입니다.

② 두 번째 수 14를 11로 나눈 나머지는 3입니다($4 - 1 = 3$).

③ 더 큰 수들을 11로 나눈 나머지를 찾아봅시다. 소수점을 기준으로 일의 자리의 숫자를 홀수 번째 숫자의 기준으로 하고, 바로 옆의 숫자(십의 자리, 소수 첫째 자리)는 짝수 번째 숫자가 되는 방식으로 정해 나갑니다. 짝수 번째 자리의 숫자에 표시를 해둡니다. 그리고 홀수 번째 자리 숫자들의 합에서 짝수 번째 자리 숫자들의 합을 빼줍니다.

	∨			
1	8	2	.	0
홀수 번째 자리	짝수 번째 자리	홀수 번째 자리		소수점 짝수 번째 자리

(ⅰ) 182를 11로 나눈 나머지를 찾기 위해 짝수 번째 자리 숫자 8에 표시를

해둡니다.

(ii) 홀수 번째 자리에 있는 수들의 합은 $1+2=3$입니다.

(iii) 홀수 번째 자리 숫자들의 합에서 짝수 번째 자리 숫자들의 합을 뺍니다. 3에서 8을 뺄 수 없으므로 3에 11을 더한 다음 8을 뺍니다.

$$3+11=14,\ 14-8=6$$

④ $2\times3=6$이고 검산 결과가 일치하므로 계산이 올바르다는 것을 알 수 있습니다.

구거법을 사용하면 좀 더 쉽게 검산할 수 있는데 왜 11로 나눈 나머지 법칙을 써야 할까요? 만약 답이 182가 아니고 18.2가 나왔다면, 구거법은 이 실수를 찾아낼 수 없지만 11로 나눈 나머지 법칙은 찾아낼 수 있습니다. 만약 두 자리 수의 곱을 잘못해서 답이 1712가 나왔다면, 구거법은 이 계산의 잘못된 점을 찾아낼 수 없지만 11로 나눈 나머지 법칙은 이 실수를 찾아낼 수 있습니다. 이 두 가지 경우에 대해 11로 나눈 나머지 법칙을 적용해 봅시다.

• 13 × 14 = 18.2를 검산해 봅시다.

∨			∨
1	8	.	2
짝수 번째 자리	홀수 번째 자리		짝수 번째 자리

① 13을 11로 나눈 나머지는 2이고 14를 11로 나눈 나머지는 3입니다.

② 18.2에서 소수점을 기준으로 짝수 번째 자리에 있는 숫자 1과 2를 더하면 3입니다. 홀수 번째 자리에 있는 수는 8입니다. 그래서 11로 나눈 나머지는 5입니다($8-3=5$).

③ 수를 대입해보면 $2\times3=5$인데 이는 틀린 답입니다. 따라서 소수점이 있는 경우의 검산은 11로 나눈 나머지 법칙이 편리합니다.

• 13 × 14 = 1712를 검산해 봅시다.

먼저 구거법을 이용해 검산했을 경우를 살펴봅시다.

① 13의 치환수는 4이고 14의 치환수는 5입니다.

② 1712에서 9가 되는 7과 2를 빼고 나면 2가 남습니다.

③ 치환수 4와 5를 대입해보면 $4\times5=20$, $2+0=2$가 됩니다.

④ 1712는 잘못된 답이지만 구거법으로 확인했을 때 2는 치환수로 구한 답으로서 검산결과와 같으므로 앞의 계산은 맞는 것이 됩니다.

이번에는 11로 나눈 나머지 법칙을 이용해서 확인해 봅시다.

∨		∨	
1	7	1	2
짝수 번째 자리	홀수 번째 자리	짝수 번째 자리	홀수 번째 자리

① 13을 11로 나눈 나머지는 2이고 14를 11로 나눈 나머지는 3입니다.

② 1712에서 짝수 번째 자리에 있는 숫자 1과 1을 더하면 2입니다. 홀수 번째 자리에 있는 7과 2를 더하면 9입니다. 그래서 11로 나눈 나머지는 $9-2=7$ 입니다.

③ 수를 대입해보면 $2\times3=7$인데 이는 틀린 답입니다.

Challenge

❶ $456 \times 831 = 378936$의 계산이 맞는지 구거법으로 검산해보시오. 재확인을 하기 위해 11로 나눈 나머지 법칙을 이용해 보시오.

❷ '$6054 \div 17 = 356 \cdots 2$'의 계산이 맞는지 검산해 보시오.

| 참고문헌 |

류성림(2007). 창의적이고 효율적인 다양한 계산과 검산 전략. 도우미 4집. 대구교대과학교육연구소.

답안지

❶ [구거법]

$$\not{4}\not{5}6 \times \not{8}3\not{1} = 378\not{9}3\not{6}(\rightarrow \text{각 자리 숫자 합 : 0})$$

↓(치환수로 변환)

$$6 \times 3 = 18(\rightarrow \text{각 자리 숫자 합 : 0})$$

검산결과와 같으므로 계산이 옳다는 것을 알 수 있습니다.

[11로 나눈 나머지 법칙]

∨		∨		∨	
3	7	8	9	3	6
짝수 번째 자리	홀수 번째 자리	짝수 번째 자리	홀수 번째 자리	짝수 번째 자리	홀수 번째 자리

① 456에서 홀수 번째 자리 숫자의 합은 10입니다. $10-5=5$이므로 456을 11로 나눈 나머지는 5입니다.

② 831에서 홀수 번째 자리 숫자의 합은 $8+1=9$입니다. $9-3=6$이 되므로 831을 11로 나눈 나머지는 6입니다.

③ 378936에서 홀수 번째 자리 숫자의 합은 $7+9+6=22$이고, 짝수 번째 자리 숫자의 합은 $3+8+3=14$가 됩니다. $22-14=8$이므로 378936을 11로 나눈 나머지는 8입니다.

④ $5 \times 6=30$이고 11로 나눈 나머지를 확인해보면 $0-3$을 계산할 수 없으므로 $(11+0)-3=8$이 되기 때문에 검산 결과가 일치하므로 계산결과가 옳다는 것을 알 수 있습니다.

❷ ① 나머지가 있는 나눗셈의 검산에서 구거법을 적용할 때는 나눗셈을 곱셈으로 고쳐서 나타냅니다.

$$17 \times 356 = 6054 - 2 = 6052$$

② 치환수를 이용하면 등식이 다음과 같이 됩니다.

$$8 \times 5 = 40$$

③ $8 \times 5=40$, $4+0=4$이므로 답이 옳다는 것을 알 수 있습니다.

곱셈

곱셈이란?

덧셈과 뺄셈만으로 충분하던 연산 과정에서 반복하여 더하기나 묶어세기, 혹은 뛰어세기의 방법으로 문제를 해결하는 상황을 경험하게 됩니다. 하나씩 세어 개수를 확인하는 것보다는 묶어세기나 뛰어세기를 통해 훨씬 간단하게 문제를 해결할 수도 있지만 이 방법은 시간이 많이 걸리고 과정이 복잡해지기 때문에 좀 더 간단한 방법이 필요합니다. 그래서 여러 번 더하거나 묶어세거나 뛰어세는 방법을 'a×b'의 형태인 곱셈으로 나타내는 방법을 사용합니다. 'a×b'를 a 곱하기 b라고 읽고 a와 b의 곱이라고 합니다. 이때 a를 피승수, b를 승수라고 부릅니다.

곱셈은 언제부터 사용했을까?

곱셈은 약 4000여 년 전 고대 이집트 시대부터 시작되었습니다. 고대 이집트인들이 사용한 곱셈법은 '2배 하기'였습니다. 9×13을 이집트인들이 사용한 곱셈법을 이용해 살펴봅시다.

① 두 수의 곱셈에서 앞의 수를 1부터 시작해서 피승수(9)보다 작은 수까지만 2배하여 나타냅니다.

② 그리고 앞의 수 중에서 피승수와 합이 같아지는 수를 찾아서 표시합니다. 여기에선 1+8=9가 되므로 1과 8에 표시하면 됩니다.

$\underline{1}$ × 13 ∨
2 × 26
4 × 52
$\underline{8}$ × 104 ∨

---

③ 표시한 수의 승수(뒤의 수)를 더하면 곱셈의 합을 구할 수 있습니다.

$$\begin{array}{rcrl} \underline{1} & \times & 13 & \vee \\ 2 & \times & 26 & \\ 4 & \times & 52 & \\ \underline{8} & \times & 104 & \vee \\ \hline \end{array}$$

$$13 + 104 = 117$$

이 방법을 이용해서 수가 큰 두 수의 곱셈도 해결할 수 있습니다.

곱셈 탐구

1 곱셈의 성질 알아보기

0과 자연수의 범위에서 곱셈의 성질을 살펴봅시다.

• 두 수의 곱셈은 항상 0 또는 자연수이다.

• $a\times b=b\times a$이다.

예 $a=5$, $b=4$라 하고, 이를 동수누가로 나타내면

$5\times4=5+5+5+5=20$입니다.

$4\times5=4+4+4+4+4=20$입니다.

따라서 두 수의 곱은 순서가 바뀌어도 값은 같습니다.

• $a\times0=0\times a=0$이다. 어떤 수에 0을 곱해도 그 값은 0이 됩니다.

• $a\times1=1\times a=a$이다.

• $(a\times b)\times c=a\times(b\times c)$이다.

예 $a=2$, $b=3$, $c=5$라 하고, 이를 그림 상황으로 나타내면 다음과 같습니다. 그림으로 나타낸 상황은 다르지만 값은 같습니다.

$(2\times3)\times5$ $2\times(3\times5)$

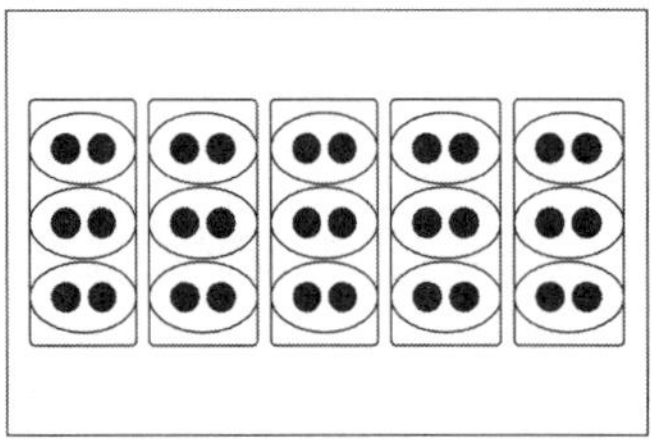

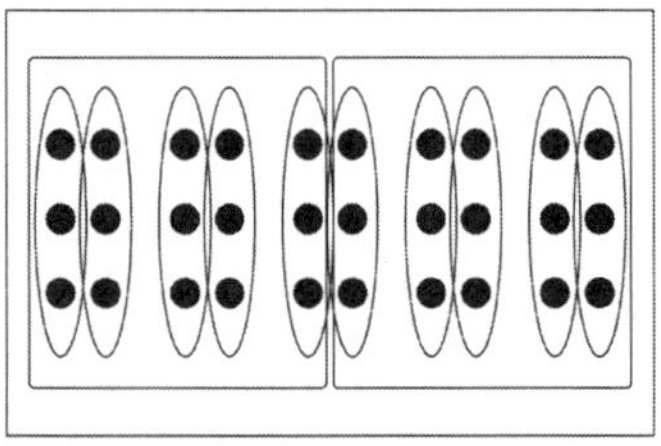

• $a\times(b+c)=a\times b+a\times c$이다.

예 $a=6$, $b=2$, $c=4$라 하고, 이를 그림 상황으로 나타내면 다음과 같습니다. 그림으로 나타낸 상황은 다르지만 값은 같습니다.

$6\times(2+4)$ $6\times2+6\times4$

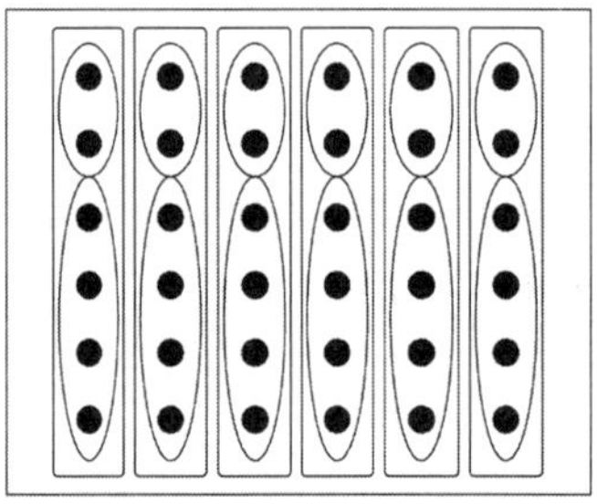

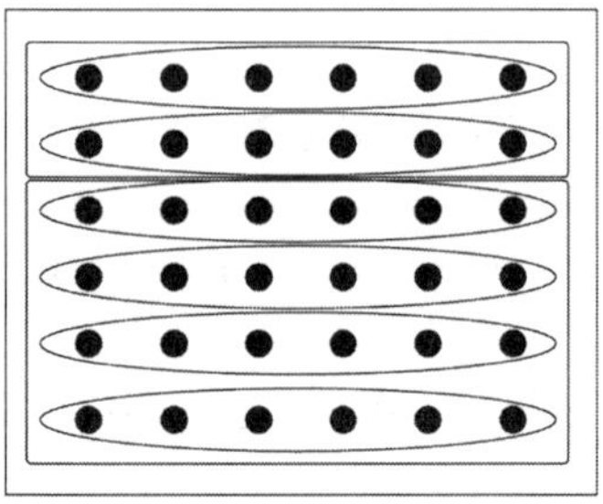

2 다양한 곱셈 상황

가. 동수누가

같은 수를 여러 번 더하는 것으로 주로 곱셈을 도입할 때 주로 사용되는 경우가 많습니다. 수학 1~2학년군 수학3 곱셈단원에서 '배'의 의미를 도입할 때 2의 4배는 $2+2+2+2=8$로 약속하면서 동수누가의 상황이 제시됩니다.

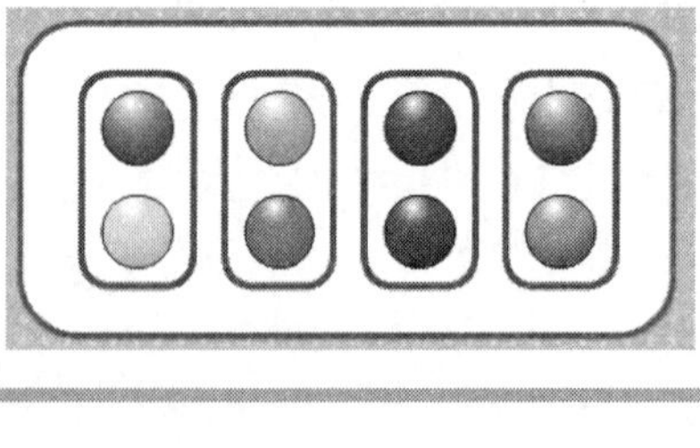

〈약속하기〉

• 2씩 4묶음은 8입니다.
• 2씩 4묶음은 2의 4배입니다.
• 2의 4배는 $2+2+2+2=8$입니다.
• 8은 2의 4배입니다.

동수누가의 상황에서 2씩 4묶음인 2×4와 4씩 2묶음인 4×2의 의미는 다릅니다. 하지만 앞에서 살펴보았듯이 곱셈에서 앞, 뒤의 순서가 바뀌어도 계산 결과는 같습니다.

나. 배열과 넓이

배열은 구하고자 하는 대상을 시각적으로 보기 좋게 줄을 세우듯 정렬시켜 놓은 것을 말합니다. 1~2학년군 수학3 곱셈단원에서 묶어 세는 활동에서 음료수가 5×4 형태로 배열되어 있는 삽화를 제시하고 있습니다.

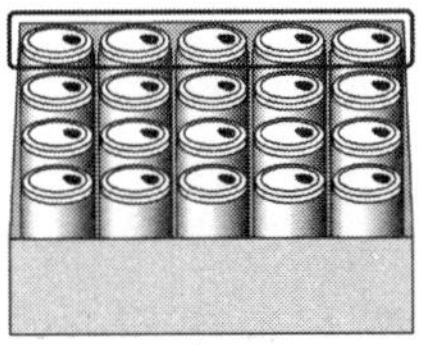

- 5씩 묶어 세어 보시오.
- 음료수는 모두 몇 개입니까?
- 다른 방법으로 묶어 세어 보시오.

이때 5개씩 4줄로 놓여있다고 본다면 5는 각 줄에 놓인 캔의 수이고 4는 줄 수를 의미합니다. 넓이 장면에서는 가로와 세로의 길이가 주어진 직사각형의 넓이를 구하는 것과 관련된 문제입니다.

다. 곱집합(조합)

곱집합은 하나의 요소가 다른 요소와 대응하여 만들어 낼 수 있는 모든 경우의 수를 찾는 것을 말합니다. 수학 1~2학년군 수학3 곱셈단원에서 이야기마당에서 장난꾸러기 숫자 요정이 모자와 옷을 몇 가지 방법으로 입을 수 있는지 확인하고 곱셈식으로 나타내어 보는 활동에서 곱집합을 제시하고 있습니다.

- 요정이 모자와 옷을 몇 가지 방법으로 입을 수 있는지 붙임 딱지를 붙여서 확인해 보시오.
- 요정이 모자와 옷을 몇 가지 방법으로 입을 수 있는지 곱셈식으로 나타내어 보시오.

라. 비교

비교는 기준이 되는 한 묶음의 크기와 다른 묶음의 크기를 비교하여 알고자 하는 묶음의 크기가 기준이 되는 묶음의 몇 배가 되는지 찾아보는 상황을 말합니다. 수학 1~2학년군 수학3 곱셈단원에서 보면 '참외의 수는 12개이고 수박의 수는 6개입니다. 참외의 수는 수박의 수의 □배입니다.'라는 문제가 제시되어 있습니다. 이때 기준이 되는 묶음의 크기는 수박의 수이고 비교하고자 하는 묶음의 크기는 참외의 수입니다. 또는 '구슬의 3배만큼을 사용하여 목걸이를 만들려고 합니다. 모두 몇 개의 구슬이 필요한지 알아보시오.'와 같이 기준이 되는 한 묶음의 크기와 몇 배인지가 주어지고 알고자 하는 묶음의 크기를 찾도록 하는 상황도 제시될 수 있습니다.

3 곱셈 알고리즘

곱셈문제를 풀기 위한 문제 해결의 일반적인 과정을 살펴보면 다음과 같습니다. 교과서에 제시된 방법도 이러하며 대부분의 학생들이 이 방법을 이용하여 문제를 해결합니다.

	3	7		
×	2	5		
	3	5	←	7×5
1	5		←	30×5
1	4		←	7×20
6			←	30×20
9	2	5		

계산 과정이 능숙해짐에 따라 위의 과정을 좀 더 간단히 하여 나타내기도 합니다.

1	3			
	3	7		
×	2	5		
1	8	5	←	37×5
7	4		←	37×20
9	2	5		

곱셈 알고리즘의 기본적인 원리는 각 자리 수를 모두 분해하고 분해한 수를 서로 곱함으로써 생기는 값을 모두 더하는 것입니다. 이는 앞에서 살펴본 곱셈의 성질 중 '$a\times(b+c)=a\times b+a\times c$'이 되기 때문에 가능한 것입니다.

$$\begin{aligned}(30+7)\times(20+5)&=(30+7)\times 20+(30+7)\times 5\\&=(30\times 20)+(7\times 20)+(30\times 5)+(7\times 5)\\&=600+140+150+35=925\end{aligned}$$

이처럼 각 자리 숫자를 분해하여 계산해내면 아무리 큰 수라 할지라도 여러 번의 계산 과정을 거치면 값을 구할 수 있습니다. 이러한 장점 때문에 더 큰 수의 곱셈에서도 이 방법을 이용하고 대부분의 사람들이 사용하는 것입니다.

Challenge

❶ 곱집합의 문제 상황을 만들고 풀어보시오.

❷ 다음 곱셈을 풀어보시오.

	3	8	6		
×			2		
				←	□×□
				←	□×□
				←	□×□

	9	7		
×	5	4		
			←	□×□
			←	□×□
			←	□×□
			←	□×□

| 참고문헌 |

강홍규·심선영(2010). 알고리즘의 다양성을 활용한 두 자리 수 곱셈의 지도 방안과 그에 따른 초등학교 3학년 학생의 곱셈 알고리즘 이해 과정 분석. 한국초등수학교육학회지, 14(2), 287-314.

교육인적자원부(2004). 초등교사교육을 위한 수학프로그램 적용 및 확산연구.

교육인적자원부(2012). 2학년 수학지도서.

서찬숙(2003). 문제 장면의 모델화를 통한 수업이 곱셈적 사고력과 곱셈 능력 신장에 미치는 영향. 대구교육대학교 교육대학원 석사학위논문.

답안지

❶ 4개의 직선을 가로로 놓고 3개의 직선을 세로로 놓았을 때 7개의 직선이 만나서 생기는 점은 모두 몇 개입니까?

$$4 \times 3 = 12$$

❷

	3	8	6		
×			2		
		1	2	←	6×2
	1	6		←	80×2
	6			←	300×2
	7	7	2		

		9	7		
	×	5	4		
		2	8	←	7×4
	3	6		←	90×4
	3	5		←	7×50
4	5			←	90×50
5	2	3	8		

교과서 밖 다양한 곱셈 방법 탐구

곱셈구구란?

곱셈구구는 우리가 당연하듯 외우는 구구단을 말합니다. 보통은 1의 단부터 시작해서 9의 단까지를 구구단이라 말합니다. 옛날 중국과 우리나라에서는 구의 단, 구구팔십일부터 외웠다고 합니다. 이는 일반 백성들에게 알려주지 않고 높은 신분의 귀족들만 사용하기 위해 어려운 9의 단부터 시작해 뒤에서부터 외운 것이 '구구단'이라는 이름으로 불리게 된 것입니다.

네이피어 곱셈 막대

존 네이피어(John Napier, 1550~1617)는 스코틀랜드 출신으로 로그의 발견으로 유명한 수학자입니다. 네이피어는 곱셈을 직접 계산하지 않고도 결과를 손쉽게 구할 수 있는 계산막대를 만들어냈는데, 이는 상인들의 계산에 큰 도움이 되었습니다. 이것이 바로 네이피어 곱셈막대랍니다. 구구단을 어렵게 외우지 않아도 곱셈을 계산할

1	2	3	4	5	6	7	8	9
1	2	3	4	5	6	7	8	9
2	4	6	8	1/0	1/2	1/4	1/6	1/8
3	6	9	1/2	1/5	1/8	2/1	2/4	2/7
4	8	1/2	1/6	2/0	2/4	2/8	3/2	3/6
5	1/0	1/5	2/0	2/5	3/0	3/5	4/0	4/5
6	1/2	1/8	2/4	3/0	3/6	4/2	4/8	5/4
7	1/4	2/1	2/8	3/5	4/2	4/9	5/6	6/3
8	1/6	2/4	3/2	4/0	4/8	5/6	6/4	7/2
9	1/8	2/7	3/6	4/5	5/4	6/3	7/2	8/1

수 있는 장점이 있지만 항상 막대가 있어야 계산할 수 있다는 불편한 점도 있답니다. 곱셈 막대를 살펴봅시다. 각각의 막대에는 우리가 구구단으로 외우고 있는 수들이 차례대로 적혀 있습니다. 1단에서 9단까지 9개의 막대가 있습니다.

어떻게 계산에 이용했는지 살펴볼까요? 495×7을 계산하는 경우를 생각해봅시다.

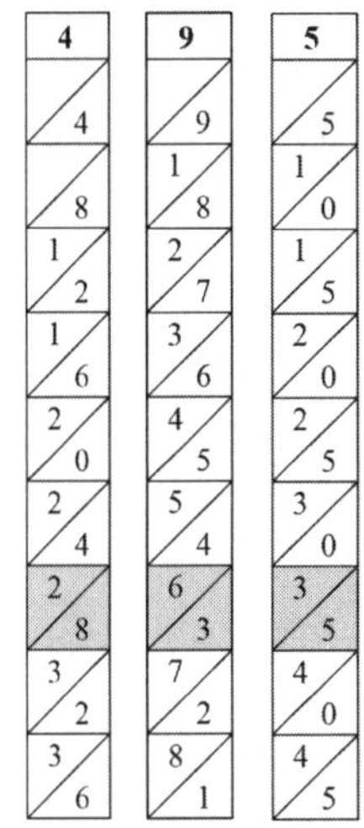

① 각 수(4, 9, 5)에 해당되는 곱셈막대를 높이를 맞추어 차례대로 놓습니다.

② 곱하는 수(7)에 해당되는 칸을 찾습니다. 여기에서는 7번째 칸이 해당됩니다.(색칠된 부분)

③ 빗금쳐진 칸에 맞추어 수를 읽습니다.

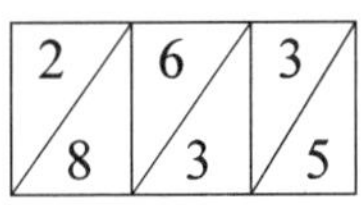

⇨ 2, 6+8, 3+3, 5 ⇨ 3465

따라서 495×7=3465가 됩니다.

다양한 곱셈 방법 탐구

1 격자 곱셈법

격자 곱셈법은 네모칸 안에 대각선을 그어 두 수의 곱을 칸에 채운 후 마지막에 덧셈을 하여 결과를 구하는 방법입니다. 일단 곱하는 수의 자리대로 격자표를 만듭니다. 예를 들어 (두 자리 수)×(두 자리 수)라면

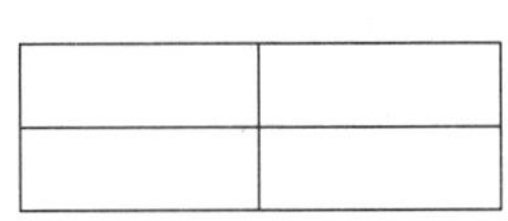

이런 모양의 격자표를 만들게 됩니다. 그리고 오른쪽 위에서 왼쪽 아래로 대각선을 긋습니다.

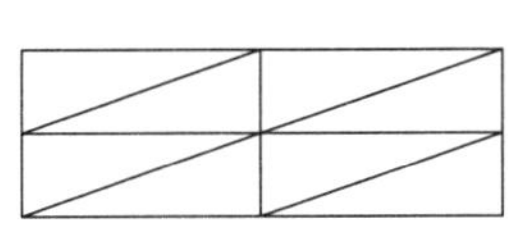

격자표 주변에 피승수와 승수를 씁니다. 26×21의 곱셈을 해 봅시다.

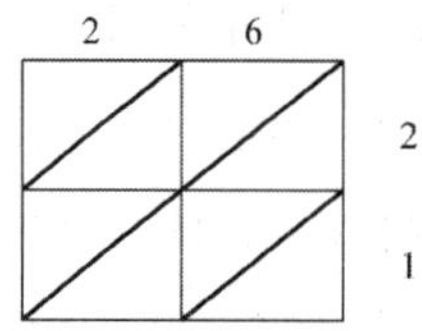

빈칸에 두 수의 곱셈 결과를 써 넣습니다. 이때, 십의 자리 숫자는 위 칸에, 일의 자리 숫자는 아래 칸에 씁니다.

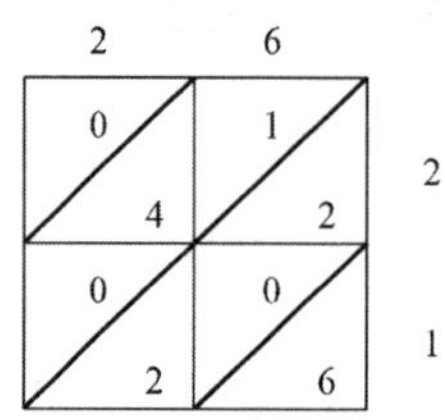

대각선을 따라 오른쪽 위에서 왼쪽 아래로 내려오며 수를 더합니다.

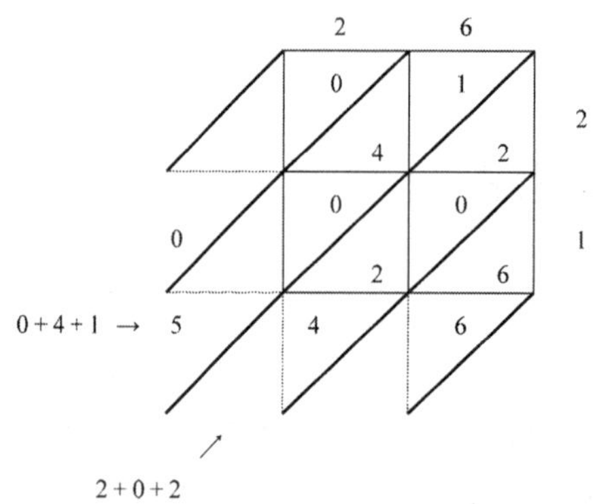

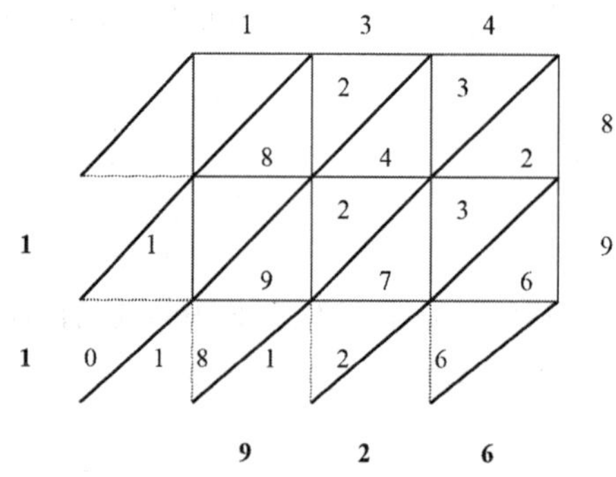

왼쪽 위에서부터 차례대로 수를 읽습니다. 답은 546입니다. 값을 읽을 때에는 대각선을 사이에 두고 같이 쓰인 두 수는 더하고 한 칸이 한 자리 숫자가 됩니다. 즉,  의 경우 8+1=9이고, 백의 자리 숫자입니다. 이와 같은 방법으로 134×89를 계산해 봅시다.

계산 결과는 11926이 됩니다.

2 고대 이집트 곱셈법

고대 이집트 곱셈법은 곱셈식에서 승수를 1로 두고 피승수와 승수를 2배씩 해가는 방법입니다. 2배씩 해가는 수들의 합이 피승수가 될 때까지 계산을 반복하고, 이때 피승수가 되는 승수의 합들이 곱셈의 결과가 됩니다. 19×24를 고대 이집트 곱셈법으로 계산해 봅시다.

√	1	24
√	2	48
	4	96
	8	192
√	16	384

이제 계산한 결과 왼쪽의 수 중 피승수($19 = 1 + 2 + 16$)가 되는 수의 오른쪽 수를 더하면 곱셈값을 구할 수 있습니다. $24 + 48 + 384 = 456$이므로 19×24의 답은 456이 됩니다.

3 러시아 농부의 곱셈법

러시아 농부의 곱셈법은 이집트인의 곱셈법과 비슷하면서도 다른 방법입니다. 러시아 농부의 곱셈에서는 곱하는 두 수를 그대로 두고 왼쪽의 수는 $\div 2$를, 오른쪽의 수는 $\times 2$를 해가는 방법입니다. 피승수가 1이 될 때까지 반복하며 만약에 나누는 과정에서 홀수를 나누어 나머지가 생긴다면 나머지는 버립니다. 17×13을 러시아 농부의 곱셈법으로 계산해 봅시다.

√	17	13
	8	26
	4	52
	2	104
√	1	208

이제 계산한 결과 왼쪽의 수 중 홀수가 되는 수의 오른쪽 수를 더하면 곱셈값을 구할 수 있습니다. $13 + 208 = 221$이므로 17×13의 답은 221이 됩니다.

73×25를 승수와 피승수의 위치를 바꾸어 계산해보면 답은 어떻게 될지 예상해 봅시다.

(1)

√	73	25
	36	50
	18	100
√	9	200
	4	400
	2	800
√	1	1600

(2)

√	25	73
	12	146
	6	292
√	3	584
√	1	1168

(1)의 경우 왼쪽의 수가 홀수가 되는 경우는 73, 9, 1의 3가지 경우이고 (2)의 경우 왼쪽의 수가 홀수가 되는 경우는 25, 3, 1의 3가지 경우입니다. (1)에서 왼쪽의 수가 홀수인 오른쪽 수를 더해보면 $25+200+1600=1825$가 나옵니다. (2)에서 왼쪽의 수가 홀수인 오른쪽 수를 더해보면 $73+584+1168=1825$가 나옵니다. 따라서 승수와 피승수의 위치를 바꾸어 계산해도 같은 결과가 나오는 걸 알 수 있습니다. 피승수의 수가 클 때에는 승수와 위치를 바꾸어 계산하면 좀 더 과정을 간단하게 줄일 수 있습니다.

4 선긋기 곱셈법

선긋기 곱셈법은 두 수의 곱셈을 직접 계산하지 않고 곱하는 수만큼 직선을 그어 겹쳐지는 교차점의 수를 세어 답을 구하는 방법입니다. 31×23을 선긋기 곱셈법으로 계산하여 봅시다. 우선 피승수의 선을 긋습니다. 십의 자리 수와 일의 자리 수가 표시나도록 떨어뜨려 오른쪽 위에서 왼쪽 아래로 사선을 긋습니다.

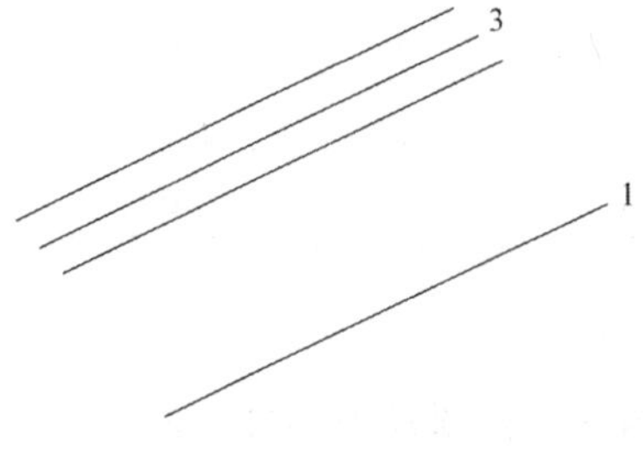

위의 방법과 마찬가지로 왼쪽 위에서 오른쪽 아랫방향으로 승수의 수만큼 십의 자리와 일의 자리를 떨어뜨려 사선을 긋습니다.

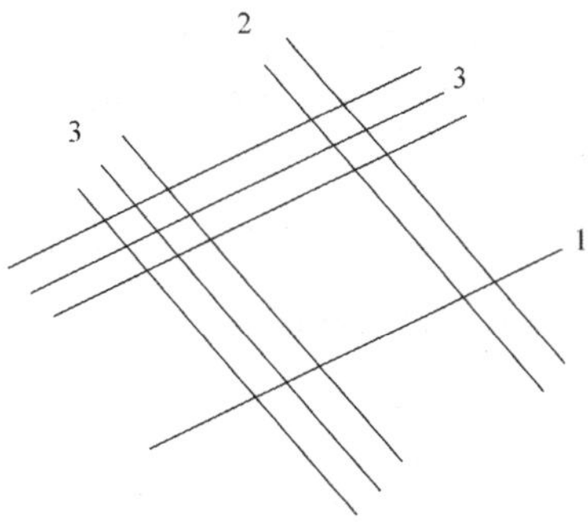

10의 자리 수와 10의 자리 수가 만나 생긴 점은 100의 자리 수가, 10의 자리 수와 1의 자리 수가 만나 생긴 점은 10의 자리 수가, 1의 자리 수와 1의 자리 수가 만나 생긴 점은 1의 자리 수가 됩니다.

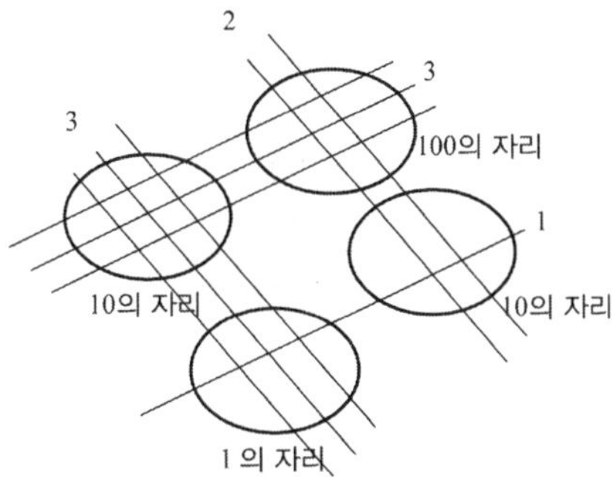

따라서 $6\times100+(11\times10)+3=600+110+3=713$이 됩니다.

5 제곱수의 곱셈법

제곱수를 직접 계산하지 않고 간단하게 계산할 수 있는 방법을 알아봅시다. 두 자리 수에서 일단 십의 자리 수를 곱해서 백의 자리에 쓰고, 일의 자리 수를 곱해서 일의 자리에 맞추어 씁니다.

12
―――――
01 04

십의 자리 숫자끼리 곱셈 (1×1)
일의 자리 숫자끼리 곱셈 (2×2)

그 다음 십의 자리 숫자와 일의 자리 숫자의 곱에 2배 한 값에 10을 곱하여 더합니다. 이때 십의 자리에 맞추어 수를 씁니다.

12
―――――
0104
40

각 자리 숫자의 곱셈×2×10
(1×2×2×10)

계산한 결과를 더한 값을 구합니다.

```
   12
 ------
  0104
+   40
 ------
   144
```

6 멜빵곱셈법

멜빵곱셈법은 복잡한 곱셈이라도 곱셈의 층을 만들지 않고 한 줄에 곱셈의 결과를 나타내는 곱셈법입니다. 12×23의 곱셈을 멜빵곱셈법으로 해결해 봅시다.

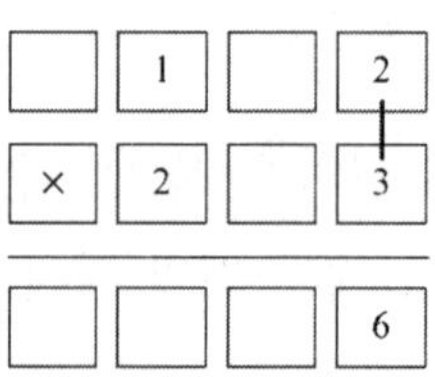

일의 자리끼리 곱셈 결과를 일의 자리에 씁니다. 2×3＝6이 됩니다.

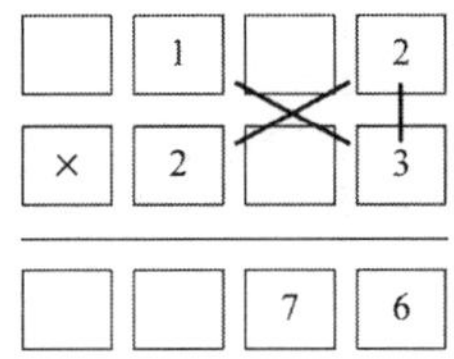

멜빵곱(1×3, 2×2)의 합($3+4=7$)의 결과를 십의 자리에 씁니다.

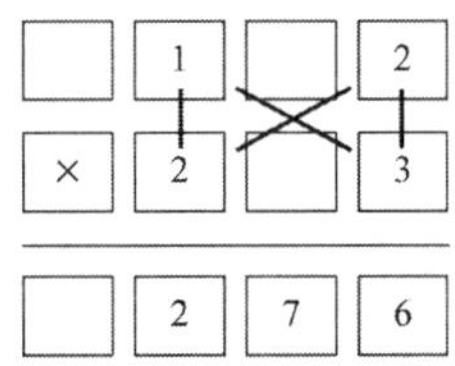

십의 자리끼리 곱셈 결과를 백의 자리에 씁니다. $1\times2=2$가 됩니다.

세 자리 수끼리의 곱셈을 멜빵곱셈법으로 해결해 봅시다.

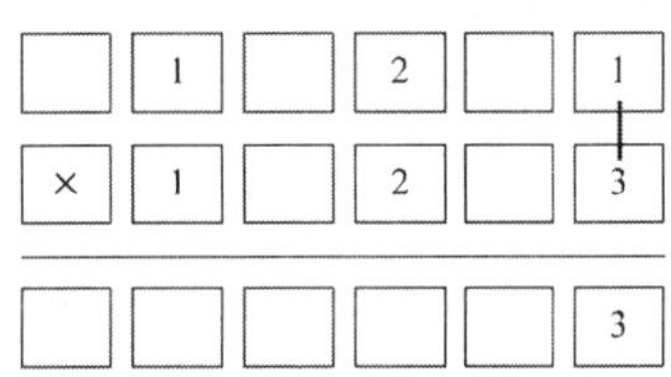

일의 자리끼리 곱셈 결과를 일의 자리에 씁니다. $1\times3=3$이 됩니다.

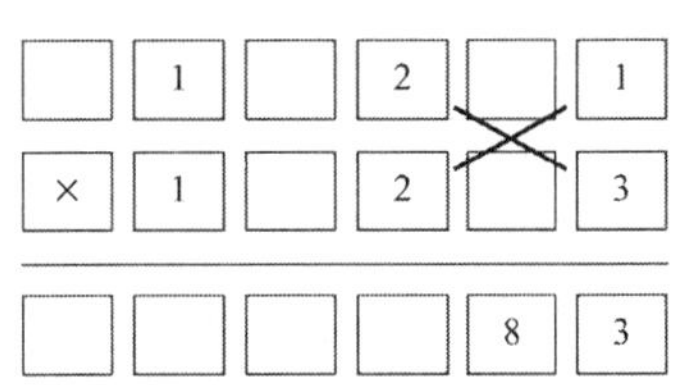

멜빵곱(2×3, 2×1)의 합($6+2=8$)의 결과를 십의 자리에 씁니다.

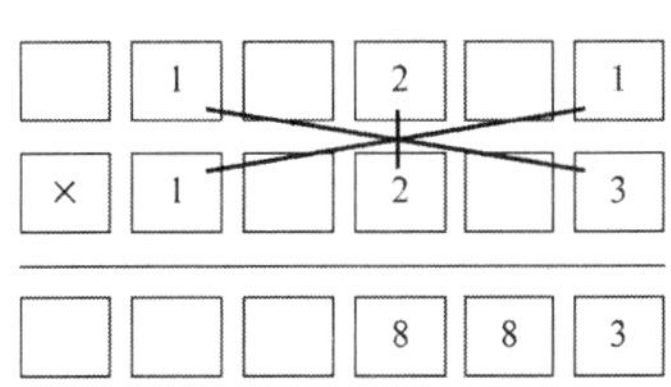

세 수의 멜빵곱(1×3, 2×2, 1×1)의 합($3+4+1=8$)의 결과를 백의 자리에 씁니다.

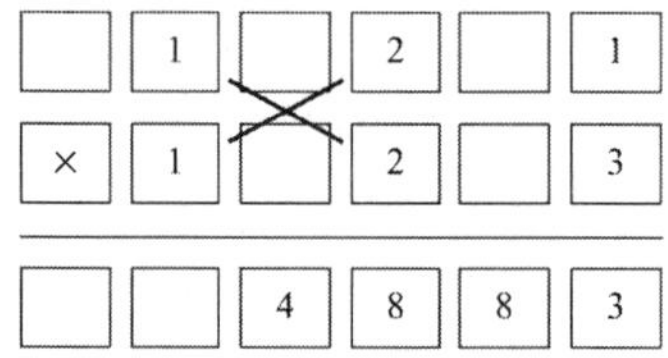

멜빵곱$(1\times2,\ 1\times2)$의 합$(2+2=4)$의 결과를 천의 자리에 씁니다.

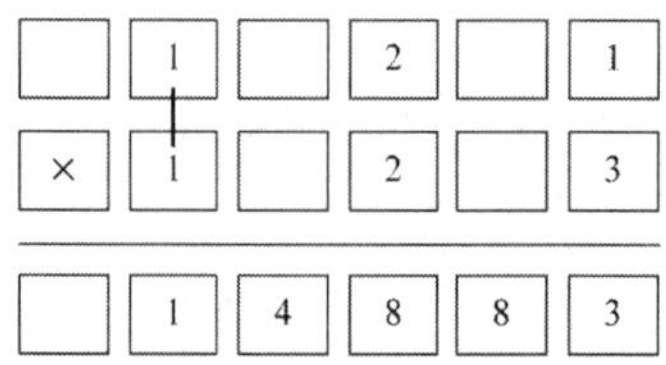

백의 자리끼리 곱셈 결과를 만의 자리에 씁니다. $1\times1=1$이 됩니다.

Challenge

❶ 다음 곱셈을 러시아 농부의 곱셈 방법을 이용해 계산해 보세요.

$157 \times 92 =$

❷ 다음 곱셈을 격자 곱셈 방법을 이용해 계산해 보세요.

$181 \times 627 =$

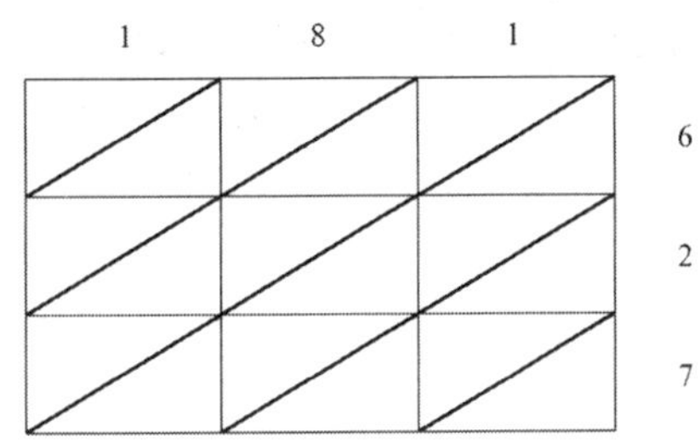

❸ 선긋기 곱셈법으로 계산하여 보세요.

$35 \times 14 =$

| 참고문헌 |

교육인적자원부(2004). 초등교사교육을 위한 수학프로그램 적용 및 확산연구.

류성림 · 김경탁 · 서지수(2002). 숫자퍼즐1. 경문사.

한득수(2010). 기적의 멜빵 곱셈. 글로세움.

답안지

❶

		92	157
		46	314
	√	23	628
$157\times92=$	√	11	1256
	√	5	2512
		2	5024
	√	1	10048
			14444

❷ 113487

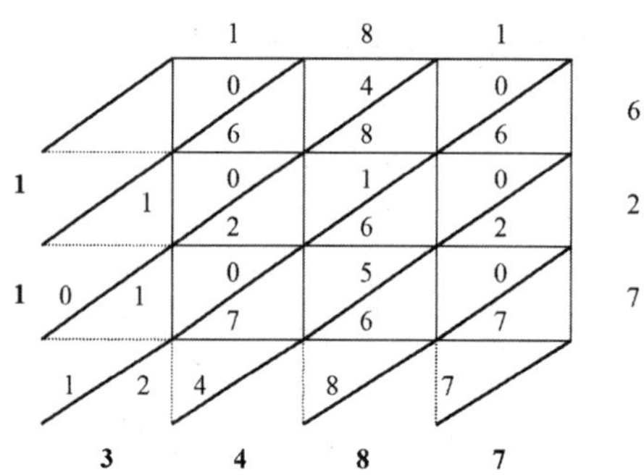

❸ 490

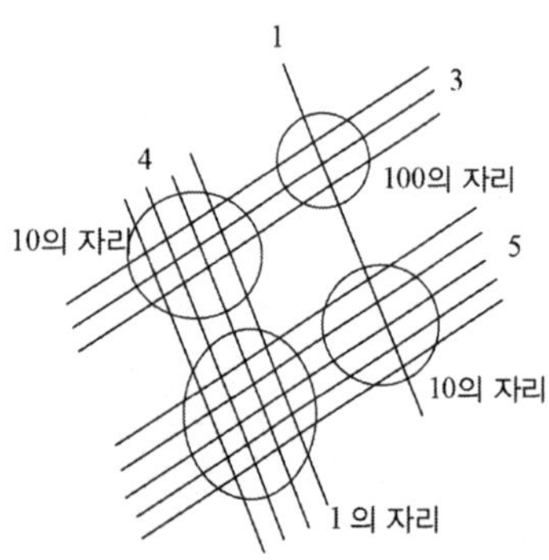

$=3\times100+17\times10+20$

$=300+170+20$

$=490$

기수법

기수법(記數法, numeral system)이란?

수를 시각적으로 나타내는 방법입니다. 고대부터 기수법은 가법적·위치적·승법적 등 다양한 형태로 발전했는데, 우리가 현재 일반적으로 사용하는 기수법은 위치적 기수법 중 인도 기수법입니다.

'0'의 발견

인도인들의 종교는 무(無)를 궁극적으로 인간이 돌아가야 할 곳으로 보고 있습니다. 불교나 힌두교에서는 수련을 통해 아무것도 없음의 상태로 돌아가는 것을 최고의 경지로 생각합니다. 따라서 인도인들이 '없음'의 기호를 발명한 것은 지극히 자연스러운 일로 생각할 수 있습니다. 아랍의 수학자인 알콰리즈미가 인도의 숫자를 소개하는 책을 썼고 이것이 라틴어로 번역되어 서양에 소개되었습니다. 0이 아랍으로 전해지면서 인도말인 '수냐'의 뜻을 그대로 번역해서 '아무것도 없는'이라는 뜻의 아시프르가 되었습니다. '아라비아 숫자의 자릿수, 하찮은 사람' 등을 뜻하는 영어 사이퍼(cipher)가 여기에서 유래되었습니다.

기수법 탐구

1 가법적 기수법

가법적 기수법은 가장 원시적인 기수법이라고 불리는데 이는 수를 나타내는 기호를 더해가는 방법으로 수를 만들어가기 때문입니다. 가법적 기수법을 쓴 나라는 역사를 거슬러 올라가면 이집트와 로마가 있습니다. 로마의 기수법은 지금도 시계의 숫자를 표현할 때 많이 쓰이고 있습니다. 가법적 기수법을 살펴봅시다.

① 이집트의 기수법

다음은 이집트 숫자를 나타낸 것입니다. 이집트인들이 사용한 수는 실제 대상의 모양을 본떠 만든 상형문자입니다.

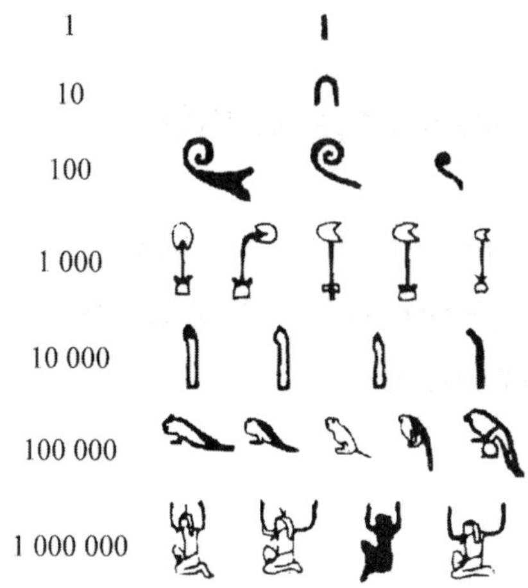

1은 막대 모양을 본떠 만들었고 1~9까지의 수는 막대 수만큼 그어 나타냅니다. 10은 말굽 혹은 발 뒷꿈치 모양을 본떠 만들었다고 합니다. 1과 마찬가지로 10~90까지의 수도 10을 나타내는 수를 그 개수만큼 그려 나타냅니다. 100은 나선형 모양 혹은 두루마리 모양을 나타냈다고 합니다. 1000은 줄기가 달린 연꽃을 나타내는데 이는 이집트에서 연꽃을 많이 볼 수 있었기 때문에 큰 수를 나타내는데 연꽃 모양을 사용하게 되었다고 합니다. 10000은 손가락 모양 혹은 파피루스라고 하고, 100000은 올챙이, 새, 물고기라고도 합니다. 1000000은 놀란 사람의 모양이라고 보는데 이는 매우 많은 수를 보고 놀라는 사람의 모습을 본 뜬 것이라고 예상해 볼 수 있습니다.

1부터 1000000까지의 수는 모양이 조금씩은 다르지만 위치에 상관없이 수를 나타낼 수 있습니다. 위의 두 수는 100+100+100+10+10+1과 1+10+10+100+100+100으로 그 값이 321로 같습니다. 이는 십진법의 체계와 같습니다.

수를 표현하는 것은 1~9를 나타내는 것과 마찬가지로 여러 개 그림으로써 더 큰 수를 표현할 수 있으며 지금은 10진법과 같은 체계를 가지고 있습니다. 아래와 같이 큰 수를 나타낼 때 여러 개의 그림을 그려야하기 때문에 불편한 점도 있습니다.

이집트 수를 이용해서 덧셈과 뺄셈을 하는 방법도 십진법의 체계와 같습니다. 아래의 덧셈과 뺄셈을 계산해보면 다음과 같습니다. 이는 수가 커지더라도 우리가 사용하는 십진법 체계와 같은 방법으로 이해하면 됩니다. 앞에서 설명했듯이 수의 위치는 상관없습니다.

321 + 1064 = 1385

14600 − 1788 = 12812

② 로마의 기수법

아래의 표는 로마 숫자를 나타낸 것입니다. 로마인들은 이집트인들과 마찬가지로 1, 10, 100, 1000에 해당하는 수를 만들고 5, 50, 500과 같은 수를 더 만들어 이집트 기수법보다는 단순화한 방법이라고 볼 수 있습니다.

I	II	III	IV	V	VI	VII	VIII	IX	X
1	2	3	4	5	6	7	8	9	10

I	V	X	L	C	D	M
1	5	10	50	100	500	1000

로마의 수 중 4(Ⅳ)는 큰 수인 5(Ⅴ)에서 1(Ⅰ)을 앞에 붙여 써 뺀다는 의미를 가지고 있습니다. 9(Ⅸ)도 큰 수인 10(Ⅹ)에서 1(Ⅰ)을 앞에 붙여 써 뺀다는 의미를 가지고 있습니다. 이집트인들은 이런 방법을 이용해서 수를 더 간단하게 나타냈습니다. 뒤의 큰 수에서 앞의 작은 수를 빼서 만들어 낼 수 있는 수를 찾아봅시다.

$$
\begin{aligned}
IV &= V - I = 4 \\
IX &= X - I = 9 \\
XL &= L - X = 40 \\
XC &= C - X = 90 \\
CD &= D - C = 400 \\
CM &= M - C = 900
\end{aligned}
$$

로마인들은 수를 쓰는 방법을 정리해보면 다음과 같은 규칙이 있습니다.

i) 각 로마자의 값을 더해야 합니다.

$$XII = 10 + 2 = 12,\ LXV = 50 + 10 + 5 = 65$$

ii) 작은 값을 가지는 로마자가 큰 값을 가지는 로마자 앞에 위치한다면, 큰 값에서 작은 값을 뺍니다.

iii) 1, 10, 100, 1000 …을 나타내는 문자는 3개까지 붙여서 사용합니다.

예 III, XXX, MMM …

이 규칙을 지켜가며 다음 로마의 수가 얼마를 의미하는지 알아봅시다.

$$MDXV = 1000 + 500 + 10 + 5 = 1515$$

$$CCCLXIX = 100 + 100 + 100 + 60 + 9 = 369$$

반대로 우리가 사용하는 아라비아 숫자를 로마의 수로 바꾸어 봅시다.

$$39 = 10 + 10 + 10 + 9 = XXXIX$$

$$827 = 500 + 100 + 100 + 100 + 10 + 10 + 5 + 1 + 1 = DCCCXXVII$$

수를 나타내는 기호가 익숙해질 때까지는 표를 보면서 찾아보아야 하는 번거로움이 있지만 기호가 익숙해진다면 수를 간단하게 나타낼 수 있는 이점이 있다는 것을 알게 됩니다. 이집트 기수법에 비해 만들어진 큰 수의 값이 1000밖에 되지 않는데, 이는 로마인들은 기호를 이용해서 큰 수를 만들어냈기 때문입니다.

$$\overline{?} = ? \times 1000$$

$\overline{L}$ 은 50의 1000배인 50000을 의미하는 것입니다.

2 위치적 기수법

수의 단위가 높아지면 같은 그림을 다른 위치에 놓음으로써 큰 수를 표현하는 방법입니다. 수의 역사에서 위치 기수법 사용의 시작은 큰 발전이었습니다. 위치 기수법을 사용하여 무수히 크고 많은 수를 표현할 수 있는 것입니다. 현재 우리가 사용하는 아라비아 숫자 역시 위치 기수법인 10진법을 사용하고 있습니다. 위치적 기수법을 살펴봅시다.

① 바빌로니아의 기수법

고대 바빌로니아에서는 진흙으로 만든 판자 위에 쐐기 모양의 문자를 새겨서 썼는데, 이 쐐기문자는 60진법을 쓰고 있습니다.

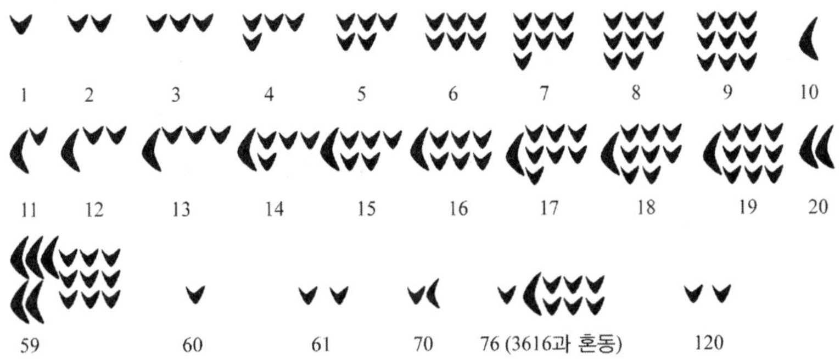

위의 쐐기문자에서 볼 수 있듯이 1을 나타내는 문자와 60을 나타내는 문자 모양이 같습니다. 이는 같은 문자이나 쓰인 위치에 따라 나타내는 값이 달라지는 것입니다. 하지만 1과 60, 2와 61과 120을 나타내는 기호가 같기 때문에 헷갈리는 문제가 있었습니다. 이 문제를 해결하기 위해 바빌로니아 사람들은 숫자 사이의 거리로 구별하였습니다. 2는 가깝게, 61은 두 기호 사이에 거리를 두어 기록하였는데 띄어 쓰는 거리는 사람에 따라 다르기 때문에 혼란을 불러일으키기도 했습니다.

② 인도의 기수법

현재 우리가 사용하고 있는 10진 기수법이 인도의 기수법입니다. 처음에는 1~9까지의 숫자만 있다가 나중에 '0'이 만들어져 10진 기수법을 확립시켰습니다. 인도의 10진법은 각각의 숫자가 위치한 자릿값을 가지고 다른 수의 값을 나타냅니다. 5825에서 왼쪽의 5와 오른쪽의 5는 같은 숫자이지만 왼쪽의 5는 5000을 나타내고 오른쪽의 5는 5를 나타내므로 그 의미가 다릅니다.

자릿값	천	백	십	일
자릿값의 숫자	5	8	2	5
숫자의 값	5000	800	20	5

3 승법적 기수법

수의 표현에 이용된 숫자를 곱하거나 더하면 그 값을 얻을 수 있는 기수법으로 중국의 한자를 그 예로 들 수 있습니다. 중국은 1부터 9까지를 나타내는 글자 一, 二, 三, 四, 五, 六, 七, 八, 九와 10의 제곱수를 나타내는 十, 百, 千, 萬 등을 이용하여 그 값을 나타냈습니다.

四萬五千二百八十三 = 四 × 萬 + 五 × 千 + 二 × 百 + 八 × 十 + 三
= 4 × 10000 + 5 × 1000 + 2 × 100 + 8 × 10 + 3
= 40000 + 5000 + 200 + 80 + 3
= 45283

Challenge

❶ 다음 로마 수를 아라비아 수로 나타내어 보세요.

① LXXXII

② MMMCDXVII

❷ 다음 아라비아 수를 로마 수로 나타내어 보세요.

① 1919

② 2010

❸ 다음을 계산하여 아라비아 수로 나타내어 보세요.

① 

② 

| 참고문헌 |

윤선화(2001). 역사발생적 원리에 따른 기수법의 연구. 홍익대학교 교육대학원 석사학위 논문.

조르쥬 미프라 저(2002). 김병욱 역. 신비로운 수의 역사. 예하.

한국교육개발원(2004). CUBE 행성에 대한 Math-File.

한길준·정승진(2003). 기수법의 발전과정에 따른 수체계 방법에 관한 연구. 수학교육논문집, 제16집, 149-162.

답안지

❶ ① 82　　② 3417

❷ ① MCMXIX　　② MMX

❸ ① 14921　　② 11614

단위분수

단위분수란?

$\frac{1}{2}$, $\frac{1}{3}$, $\frac{1}{4}$, …와 같이 분자가 1인 분수를 단위분수(unit fraction)라 합니다. 하나의 단위분수는 2개 이상의 단위분수의 합으로 나타낼 수 있습니다.

단위분수로만 나타낸 이집트 분수

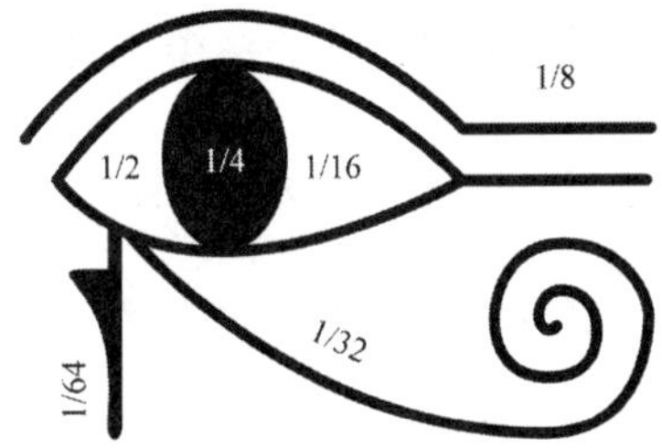

석기 시대의 사람들은 분수를 사용할 필요가 없었지만 청동기 시대가 되어 문화가 한층 발전하면서 분수의 개념과 그 표기법이 필요하게 되었습니다. 이집트의 신성 문자에서는 $\frac{1}{3}$, $\frac{1}{5}$, $\frac{1}{8}$ 등으로 단위분수 즉, 분자가 1인 분수를 나타내기 위하여 특별한 표기법을 사용하고 있습니다($\frac{2}{3}$는 예외). 어떤 정수의 역수라도 이집트 수 위에 달걀 모양을 길게 늘인 기호를 놓은 것만으로 나타내었는데, 그 예시는 다음 표와 같습니다.

〈표 1〉 이집트 분수의 표현

			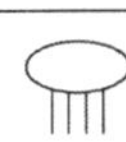	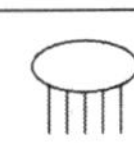	…	
$\frac{1}{2}$	$\frac{2}{3}$	$\frac{1}{3}$	$\frac{1}{4}$	$\frac{1}{5}$	…	$\frac{1}{10}$

옛날 이집트인들 세 사람이 야자열매 한 개를 가지고 있다고 가정해 봅시다. 야자열매를 세 사람이 똑같이 나누었을 때의 한 사람의 몫, 즉 지금의 우리가 $\frac{1}{3}$이라고

부르는 수를 와 같이 나타내었습니다. 그러나 야자 1개를 두 사람이 똑같이 나누었을 때의 한 사람의 몫은 이 아닙니다. 우리가 $\frac{1}{2}$이라고 부르는 수를 다른 수와는 다르게 달걀 모양을 이용하지 않고, 으로 나타내었습니다. 은 2개의 야자열매를 세 사람이 똑같이 나누었을 때의 한 사람 몫, 즉, $\frac{2}{3}$의 표현으로 나타내었습니다.

이집트인들은 분자가 1인 단위분수만을 썼는데, 예외적으로 $\frac{2}{3}$만은 그대로 사용하였습니다. 왜 이집트 사람들은 그 당시 $\frac{2}{3}$를 특별히 사용했는지 지금 정확하게 알 수 없고 그 당시 이집트 사람들만의 무엇인가가 있을 것이라고 추측해 볼 뿐입니다.

분자와 분모를 사용하는 방식은 그리스에서 나타났으며, 분자를 분모 위에 쓰는 방식은 인도에서 사용되었습니다. 이집트인들은 일반화된 분수를 개발하지는 못했으며, 이 때문에 분수를 사용함에 있어서 종종 상당한 제한을 받았습니다. 분수 $\frac{3}{5}$, $\frac{4}{7}$를 이집트인들처럼 나타내 보기란 쉬운 일이 아닙니다.

그러면 왜 이집트인들은 이와 같은 표기법을 사용했을까요? 다음과 같이 예상해 볼 수 있습니다.

단위분수와 $\frac{2}{3}$ 외의 분수계산은 예를 들어 $\frac{3}{4}=\frac{1}{2}+\frac{1}{4}$과 같이 했는데, 이러한 계산은 복잡해 보이지만, 그림으로 나타내 보면 다음과 같습니다.

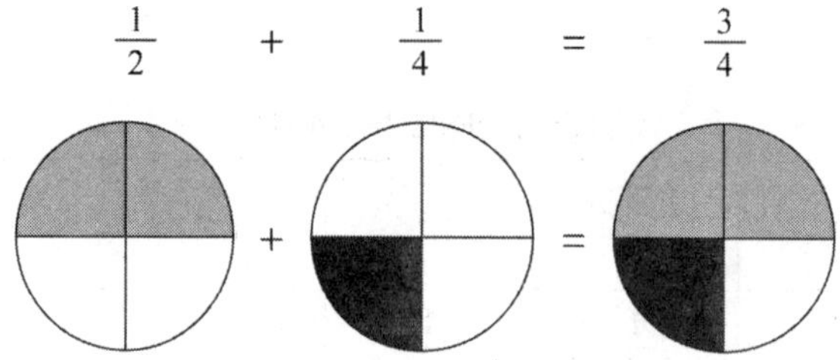

〈그림 1〉 $\frac{3}{4}$을 단위분수의 합으로 표현하기

단위분수의 분해 탐구

린드 파피루스에 의하면 고대 이집트에서는 물건을 나눌 때 분수를 단위분수의 합으로 나타내어 활용했다고 합니다. 예를 들면, 피자 2개를 다섯 명이 똑같이 나누어 가지기 위해서는 어떻게 하면 될까요? 물론 2개의 피자를 각각 5등분하여 두 개씩 나누어 가지면 됩니다. 그러나 돼지 2마리를 다섯 명이 나누어 가지려면 어떻게 하면 될까요? 물론 피자와 같은 방법을 이용하면 되겠지만, 이것을 양으로는 공평할지 몰라도 부위에서는 불공평할지도 모릅니다. 그래서 고대 이집트인들은 다음과 같이 재미있는 방법을 사용했다고 합니다.

즉, 그들은 돼지 2마리를 각각 3등분하여 6부위로 만든 후, 다섯 명이 하나씩 나누어 가지고, 다시 남은 나머지 $\frac{1}{3}$을 다섯 부위로 나누어 $\frac{1}{15}$씩 나누어 가졌다고 합니다.

1 분모를 몫으로 하는 나눗셈식을 이용한 단위분수 만들기

단위분수를 서로 다른 2개의 단위분수의 합으로 나타내는 첫 번째 방법은 주어진 단위분수의 분모보다 큰 2개의 수를 선택하는 것입니다. 이때 두 수를 나눈 몫이 주어진 단위분수의 분모가 되어야 합니다. 예를 들어 $\frac{1}{2}$을 살펴보면 두 수를 나눈 몫이 2가 되는 분모인 2보다 큰 2개의 수를 선택합니다. $6 \div 3 = 2$가 되고 3과 6은 2보다 큰 수입니다. 따라서 이 두 수를 분모로 하는 단위분수의 합으로 나타내면 다음과 같습니다.

$$\frac{1}{2} = \frac{1}{3} + \frac{1}{6}$$

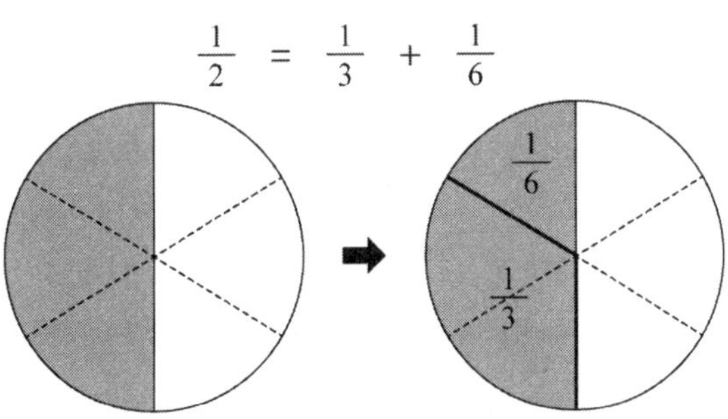

〈그림 2〉 $\frac{1}{2}$을 단위분수의 합으로 표현하기

2 분모의 합을 이용한 단위분수 만들기

단위분수를 서로 다른 2개의 단위분수의 합으로 나타내는 두 번째 방법은 주어진 단위분수의 분모를 두 수의 곱으로 바꾸는 것입니다. 그리고 그 두 수의 합을 분모와 분자에 곱해주고, 두 수를 2개의 분수의 분자로 분리해내는 방법입니다. 분자에 남은 수는 결국 분모에 있는 수이므로 약분되어 분자가 1인 단위분수가 만들어지는 것입니다.

$$\begin{aligned}\frac{1}{12} &= \frac{1}{6\times2} = \frac{1\times(6+2)}{6\times2\times(6+2)} \\ &= \frac{6}{6\times2\times(6+2)}+\frac{2}{6\times2\times(6+2)} \\ &= \frac{1}{16}+\frac{1}{48}\end{aligned}$$

3 분모의 배수를 이용한 단위분수 만들기

단위분수를 서로 다른 2개의 단위분수의 합으로 나타내는 세 번째 방법은 주어진 단위분수의 분모가 짝수일 때에는 분자와 분모에 3을 곱하고 분자가 1과 2인 2개의 분수로 분리해내는 방법입니다. 이때 분모가 짝수였으므로 분자인 2는 자연스레 약분되어 단위분수로 나타내어집니다.

$$\frac{1}{10} = \frac{1\times3}{10\times3} = \frac{1}{10\times3}+\frac{2}{10\times3} = \frac{1}{30}+\frac{1}{15}$$

주어진 단위분수의 분모가 3의 배수인 경우에는 분자와 분모에 4를 곱하고 분자가 1과 3인 2개의 분수로 분리해냅니다. 이때 분모가 3의 배수였으므로 분자인 3은 자연스레 약분되어 단위분수로 나타내어집니다.

$$\frac{1}{21} = \frac{1\times4}{21\times4} = \frac{1}{21\times4}+\frac{3}{21\times4} = \frac{1}{84}+\frac{1}{28}$$

이와 같은 방법으로 단위분수의 분모의 배수보다 1 큰 수를 곱하는 방법을 이용해서 단위분수의 합으로 만들 수 있습니다. 분모가 4의 배수인 경우에는 분자와 분모에 5를 곱해서, 분모가 5의 배수인 경우에는 분자와 분모에 6을 곱해서 분자를 1과 배수인 수의 합으로 분리하면 단위분수의 합으로 만들어집니다.

$$\frac{1}{16} = \frac{1\times5}{16\times5} = \frac{1}{16\times5}+\frac{4}{16\times5} = \frac{1}{80}+\frac{1}{20}$$

$$\frac{1}{25} = \frac{1\times6}{25\times6} = \frac{1}{25\times6}+\frac{5}{25\times6} = \frac{1}{150}+\frac{1}{30}$$

$$\frac{1}{36} = \frac{1\times7}{36\times7} = \frac{1}{36\times7}+\frac{6}{36\times7} = \frac{1}{252}+\frac{1}{42}$$

$$\vdots$$

4 완전수[1]를 이용한 단위분수 만들기

단위분수에 완전수를 곱해 또 다른 단위분수의 합으로 분해할 수 있습니다. 완전수인 6을 이용해 확인해 봅시다. 자신을 제외한 6의 약수는 1, 2, 3입니다. 단위분수인 $\frac{1}{4}$의 분자와 분모에 완전수인 6을 곱하고 6의 약수인 1, 2, 3으로 분자를 분해하면 아래와 같습니다. 이는 다른 모든 분수에 이용할 수 있는 방법입니다.

$$\frac{1}{4} = \frac{1\times6}{4\times6} = \frac{1+2+3}{4\times6} = \frac{1}{24}+\frac{1}{12}+\frac{1}{8}$$

$$\frac{1}{7} = \frac{1\times6}{7\times6} = \frac{1+2+3}{7\times6} = \frac{1}{42}+\frac{1}{21}+\frac{1}{14}$$

완전수를 이용해서 단위분수를 만들 때에는 곱하는 완전수의 약수의 개수(자신을 제외한)에 따라 분해하는 단위분수의 개수가 결정됩니다. 6을 곱했을 때에는 6의 약수인 1, 2, 3에 따라 3개의 단위분수로 분해되는 것입니다. 또 다른 완전수인 28을 이용해서 확인해봅시다. 자신을 제외한 28의 약수는 1, 2, 4, 7, 14입니다. 이때 분해되어 나타내는 단위분수는 5개의 합으로 나타나게 됩니다.

$$\frac{1}{4} = \frac{1\times28}{4\times28} = \frac{1+2+4+7+14}{4\times28} = \frac{1}{112}+\frac{1}{56}+\frac{1}{28}+\frac{1}{16}+\frac{1}{8}$$

1) 자기 자신을 제외한 약수의 합이 자기 자신이 되는 수

Challenge

❶ $\frac{1}{8}$을 완전수 28을 이용하여 5개의 단위분수의 합으로 나타내시오.

❷ 단위분수 $\frac{1}{39}$의 분모가 3의 배수임을 이용하여 두 개의 단위분수의 합으로 나타내시오.

| 참고문헌 |

남호영.박제남.장영호(2006). 영재교육을 위한 창의력수학1. 경문사.
류성림.김경탁.서지수(2011). 숫자퍼즐. 경문사.
서평안(2011). 단위분수의 이해와 교육적 활용. 경북대학교 교육대학원 석사학위논문.
정은실(2006). 분수 개념의 의미 분석과 교육적 시사점 탐구. 학교수학, 8(2), 123-138.

답안지

❶ $\frac{1}{8}=\frac{1\times 28}{8\times 28}=\frac{1+2+4+7+14}{8\times 28}$

$=\frac{1}{224}+\frac{1}{112}+\frac{1}{56}+\frac{1}{32}+\frac{1}{16}$

❷ $\frac{1}{39}=\frac{1\times 4}{39\times 4}=\frac{1}{39\times 4}+\frac{3}{39\times 4}=\frac{1}{156}+\frac{3}{156}=\frac{1}{156}+\frac{1}{52}$

대칭수(對稱數)

대칭수(對稱數)란?

대칭수(對稱數)는 11, 757, 3663, 94549와 같이 순서대로 읽은 수와 거꾸로 읽은 수가 일치하는 수를 말합니다. 또 다른 이름으로는 거울수, 회문수(回文數), 토마토 수, 팰린드롬 수(palindrome)로 불리기도 합니다. 수가 아닌 단어나 문장에서도 앞에서 읽으나 뒤에서 읽으나 똑같아지는 것들이 많이 있는데, 영어의 'mom', 'level', 한글의 '토마토', '기러기', '다시마' 등이 있습니다. 그리고 'Madam, I'm Adam', '다시 합창합시다'와 같은 문장도 있습니다. 이처럼 단어나 구, 문장 등을 왼쪽부터 읽은 것과 오른쪽부터 읽은 것이 서로 같은 것을 '팰린드롬'이라고 하는데, 이탈리아어로 '뒤로 돌아가기'란 듯의 'palin drom'에서 유래된 말입니다.

라이크렐 수 (Lychrel Number)

'라이크렐 수'는 대칭수를 만드는 알고리즘을 아무리 반복하여도 대칭수가 되지 않는 수를 의미합니다. 대칭수를 만드는 알고리즘을 실행하면 대부분의 수가 대칭수가 되지만, 단 하나의 수가 대칭수가 되지 않습니다. 그 수가 바로 196입니다. 196은 알고리즘을 수차례 반복하여 계산해 보아도 대칭수가 되지 않습니다. 이에 많은 사람들은 196도 언젠가는 대칭수가 되리라는 믿음으로 알고리즘을 수차례 반복하여 시도했습니다.

존 워커(John Walker)는 1987년부터 1990년까지 무려 3년에 걸쳐서 1백만 개의 숫자로 이루어진 수에 이르기까지 계산을 진행했지만, 196으로 시작되는 대칭수를 찾아내지 못했습니다. 1995년 팀 어빈(Tim Irvin)이 좀 더 향상된 컴퓨터의 성능에 힘입어 2개월 만에 200만 자리에 이르기까지 계산을 밀고 나갔지만, 결국 실패했습니다. 6년 뒤인 2001년에 제이슨 도세트(Jason Doucette)는 1300만 자리에 이르도록 계산을 수행했지만 끝내 대칭수가 되지 않았습니다. 이 수를 찾기 위한 여정은 현재까지도 계속되고 있으며, 2012년 7월 8일에 웨이드 반 랜딩험(Wade Van Landingham)

은 약 60억 자리에 이르도록 계산을 진행하였습니다. 그러나 마찬가지로 196은 대칭수가 되지 않았습니다. 지금까지도 196은 알고리즘을 통해 대칭수가 되지 않는 최초의 수이자, 가장 작은 수로 남아 있습니다. 또한 이것은 아직 수학적으로 증명되지 않은 상태입니다.

대칭수 탐구

1 대칭수를 만드는 알고리즘

대칭수와 관련해서 재밌는 알고리즘이 하나 있습니다. 1984년 미국의 컴퓨터 학자인 그루엔버거(F.Gruenberger)는 미국의 잡지 〈사이언티픽 아메리칸〉에 '컴퓨터 레크리에이션'이라는 칼럼에 대칭수를 만드는 알고리즘을 발표했습니다. 어떤 수라도 이 알고리즘을 따르면 대칭수가 된다는 것입니다. 대칭수를 만드는 알고리즘은 다음과 같습니다.

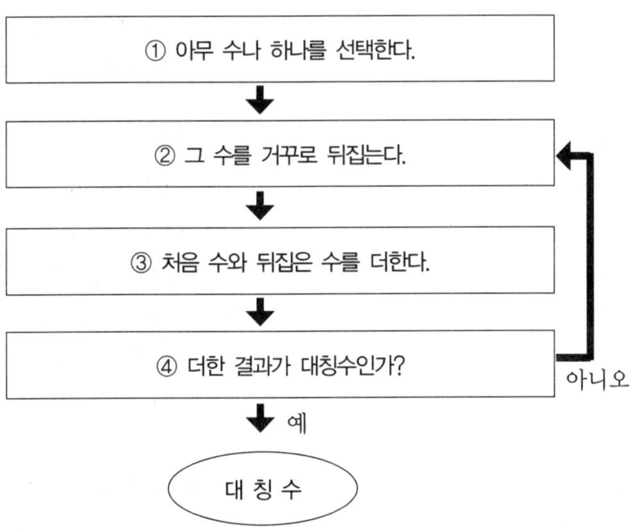

위의 알고리즘에 따라 대칭수를 만들어 봅시다.

① 12 → ② 21 → ③ 12 + 21 = 33 → ④ 예 → 대칭수

대칭수가 아닌 수에 알고리즘을 적용해서 만들어진 대칭수를 몇 가지 살펴보면 다음과 같습니다.

임의의 수	만들어지는 대칭수	임의의 수	만들어지는 대칭수	임의의 수	만들어지는 대칭수
10	11	12	33	13	44
14	55	15	66	16	77
17	88	18	99	19	121
20	22	21	33	23	55
24	66	25	77	26	88
27	99	28	121	29	121
38	121	39	363	48	363
49	484	57	363	58	484
59	1111	69	4884	79	44044
89	8813200023188	98	8813200023188	99	79497
166	45354	167	88555588	177	8836886388

모든 자연수의 약 80%는 알고리즘을 1~4회 반복하면 대칭수가 만들어지고, 7회까지 반복하면 약 90%정도의 자연수는 대칭수로 만들 수가 있습니다.

29	
1	$18+81=$ **99**

64	
1	$64+46=110$
2	$110+011=$ **121**

59	
1	$59+95=154$
2	$154+451=605$
3	$605+506=$ **1111**

69	
1	$69+96=165$
2	$165+561=726$
3	$726+627=1353$
4	$1353+3531=$ **4884**

79	
1	$79+97=176$
2	$176+671=837$
3	$847+748=1595$
4	$1595+5951=7546$
5	$7546+6457=14003$
6	$14003+30041=$ **44044**

1부터 100까지의 자연수 중 99개는 알고리즘을 6회 이하 반복하여 대칭수를 만들 수 있습니다. 드물게 89는 24번이나 반복해야 대칭수가 만들어집니다. 89를 24번 적용한 알고리즘을 살펴보면 다음과 같습니다.

89	
1	89 + 98 = 187
2	187 + 781 = 968
3	968 + 869 = 1837
4	1837 + 7381 = 9218
5	9218 + 8129 = 17347
6	17347 + 74371 = 91718
7	91718 + 81719 = 173437
8	173437 + 734371 = 907808
9	907808 + 808709 = 1716517
10	1716517 + 7156171 = 8872688
11	8872688 + 8862788 = 17735476
12	17735476 + 67453771 = 85189247
13	85189247 + 74298158 = 159487405
14	159487405 + 504784951 = 664272356
15	664272356 + 653272466 = 1317544822
16	1317544822 + 2284457131 = 3602001953
17	3602001953 + 3591002063 = 7193004016
18	7193004016 + 6104003917 = 13297007933
19	13297007933 + 33970079231 = 47267087164
20	47267087164 + 46178076274 = 93445163438
21	93445163438 + 83436154439 = 176881317877
22	176881317877 + 778713188671 = 955594506548
23	955594506548 + 845605495559 = 1801200002107
24	1801200002107 + 7012000021081 = **8813200023188**

가장 많은 반복으로 대칭수를 만들어 내기 부문에서 세계기록을 보유하고 있는 수는 2005년 11월 30일 제이슨 도세트(Jason Doucette)가 발견한 19자리 수인 1,186,060,307,891,929,990입니다. 총 261회를 반복해야 대칭수가 만들어지는데, 이때 만들어지는 대칭수는 무려 119자리나 됩니다.

2 알고리즘에서 규칙성 찾기

두 명의 학생이 알고리즘을 이용하여 대칭수를 만드는 게임을 한다고 가정합시다. 게임 규칙은 대칭수가 만들어질 때까지 서로 번갈아가며 계산하여, 대칭수를 만든 학생이 이기는 것입니다.

예를 들어, A학생이 67이라는 수를 알고리즘에 넣어 계산해보니, $67+76=143$이므로 대칭수가 만들어지지 않았습니다. 이번에는 B학생이 같은 방법으로 143을 알고리즘에 넣어 계산해보니, $143+341=484$(대칭수)이므로 B학생이 이기게 됩니다. 혹시 이 게임에서 항상 이길 수 있는 방법이 있을까요?

먼저, 알고리즘을 한 번만 적용해서 대칭수가 만들어지는 경우를 찾아봅시다. 처음에 어떤 수를 정하면 될까요? 정답은 13, 45, 721, 3456 등과 같이 '처음 수와 뒤집은 수를 더해서 받아올림이 없는 수'를 정하는 것입니다. 그럼 두 번의 반복으로 대칭수가 나오게 하려면 어떻게 하면 될까요? 이 게임은 더해서 받아올림이 되는지의 여부가 핵심입니다. 두 번째 계산할 때 '받아올림이 없는 수'이면 성공입니다. 가령 64로 시작하면 첫 번째로 계산할 때는 $64+46=110$과 같이 받아올림이 있지만, 두 번째에는 받아올림이 없는 계산($110+011=121$)이 됩니다.

Challenge

❶ 두 자리 대칭수는 모두 몇 개인지 구하시오.

( )개

❷ 세 자리 대칭수는 모두 몇 개인지 구하시오.

( )개

❸ 네 자리 대칭수는 모두 몇 개인지 구하시오.

( )개

❹ 다섯 자리 대칭수는 모두 몇 개인지 구하시오.

( )개

❺ 1부터 9까지의 숫자가 적힌 카드가 각각 2장씩 있습니다. 이 카드를 사용하여 만들 수 있는 네 자리 대칭수는 모두 몇 개인지 구하시오.

( )개

| 참고문헌 |

임백준(2003). 누워서 읽는 알고리즘. 한빛미디어.
http://www.jasondoucette.com/worldrecords.html

답안지

❶ 9개 (11, 22, ⋯, 88, 99)

❷ 90개 (101, 111, 121, ⋯, 989, 999)

❸ 90개

❹ 900개

❺ 72개

도형수(figurate numbers)-다각수

도형수(figurate numbers)란?

어떤 도형의 모양을 잘 나타내도록 점을 규칙적으로 배열하고, 이때 도형에 배열한 점의 수를 대응시킨 수를 도형수(figurate numbers)라고 합니다. 도형수 중에서 가장 잘 알려진 것이 평면에 나타낸 다각수(polygonal numbers)이며 이용하는 다각형에 따라 '삼각수(triangle numbers)', '사각수(square numbers)', '오각수(pentagonal numbers)' 등으로 부릅니다.

피타고라스와 도형수

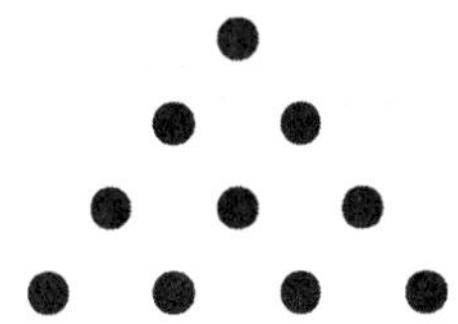

피타고라스는 그림과 같이 1개, 2개, 3개, 4개의 돌을 위로부터 순서대로 정삼각형 모양으로 나열한 도형을 가리키며 사람들에게 세어보도록 하고 1, 2, 3, 4라고 세었을 때 피타고라스는 "자네가 4라고 생각한 것은 실제로 10이야. 이것은 삼각형으로 우리들의 약속이야."라고 했습니다.

피타고라스는 10을 신성시했는데 1은 점, 2는 선, 3은 면(삼각형), 4는 입체(삼각추)를 나타내고 이들의 종합으로 아름다운, 정삼각형 모양의 삼각수 10이 우주를 표현하고 있다고 생각했기 때문입니다.

다각수 탐구

1 삼각수(triangle numbers) 탐구

삼각수란 점을 배열해서 정삼각형 모양으로 나타낼 수 있는 수를 말합니다.

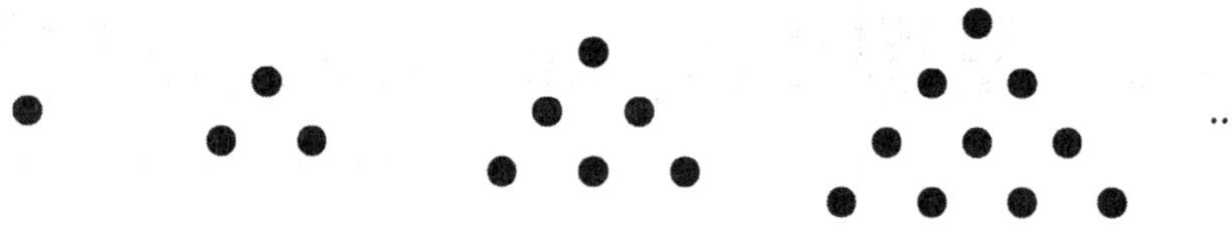

1　　3　　6　　10　　…

삼각수는 1, 3, 6, 10, …으로 숫자가 점점 커지는데 이 숫자들 사이의 규칙을 찾아보면,

> 첫 번째 수는 1
> 두 번째 수는 1 + 2 = 3
> 세 번째 수는 1 + 2 + 3 = 6
> 네 번째 수는 1 + 2 + 3 + 4 = 10
> ……

즉, 연속하는 자연수의 합들로 이루어진 수입니다. 따라서 다음에 올 삼각수는 직접 그려보지 않아도 $1+2+3+4+5=15$임을 알 수 있습니다.

2 사각수(square numbers) 탐구

사각수란 점을 배열해서 정사각형 모양으로 나타낼 수 있는 수를 말합니다.

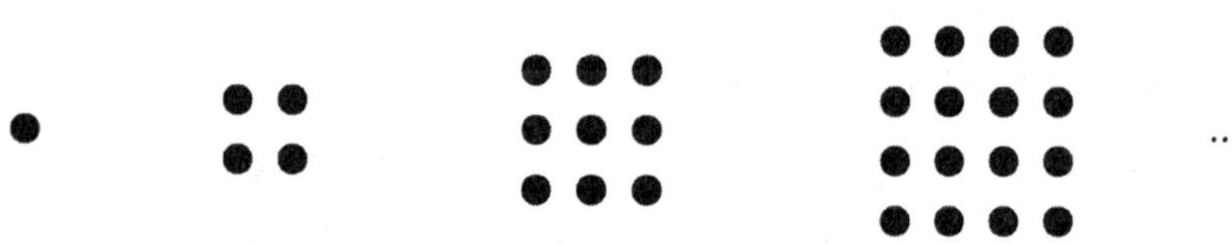

1　　4　　9　　16　　…

사각수는 1, 4, 9, 16, …으로 숫자가 점점 커지는데 이 숫자들 사이의 규칙을 찾아보면,

> 첫 번째 수는 1 × 1 = 1
> 두 번째 수는 2 × 2 = 4
> 세 번째 수는 3 × 3 = 9
> 네 번째 수는 4 × 4 = 16
> ……

즉, 두 수의 곱으로 이루어진 수입니다. 따라서 다음에 올 사각수는 직접 그려보지 않아도 $5 \times 5 = 25$ 임을 알 수 있습니다.

사각수 사이의 수들의 또 다른 규칙을 찾아보면,

첫 번째 수는 $1 = 1^2$
두 번째 수는 $1 + 3 = 4 = 2^2$
세 번째 수는 $1 + 3 + 5 = 9 = 3^2$
네 번째 수는 $1 + 3 + 5 + 7 = 16 = 4^2$
……

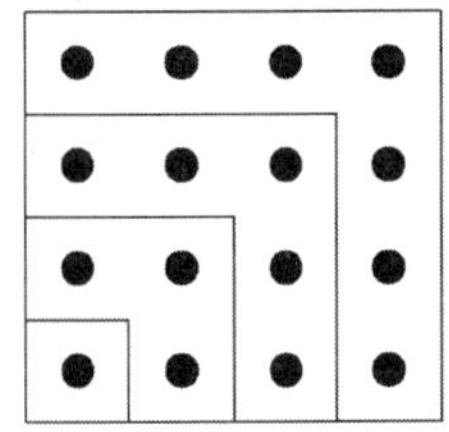

즉, 연속하는 홀수들의 합으로 이루어진 수입니다. 따라서 다음에 올 사각수는 직접 그려보지 않아도 $1 + 3 + 5 + 7 + 9 = 25 = 5^2$ 임을 알 수 있습니다.

삼각수와 사각수의 관계를 살펴봅시다.

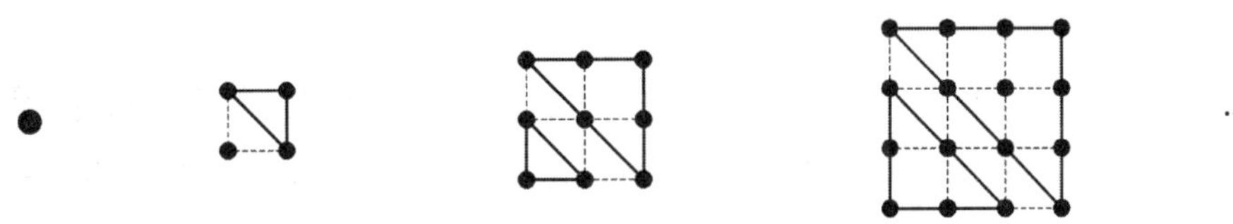

첫 번째 삼각수	첫 번째 삼각수 + 두 번째 삼각수	두 번째 삼각수 + 세 번째 삼각수	세 번째 삼각수 + 네 번째 삼각수	…

그림에서 보듯이 n번째 사각수는 '(n-1)번째 삼각수+n번째 삼각수'임을 알 수 있습니다.

첫 번째 사각수(1) = 첫 번째 삼각수(1)
두 번째 사각수(4) = 첫 번째 삼각수(1) + 두 번째 삼각수(3)
세 번째 사각수(9) = 두 번째 삼각수(3) + 세 번째 삼각수(6)
……

3 오각수(pentagonal numbers) 탐구

오각수란 점을 배열해서 오각형 모양으로 나타낼 수 있는 수를 말합니다.

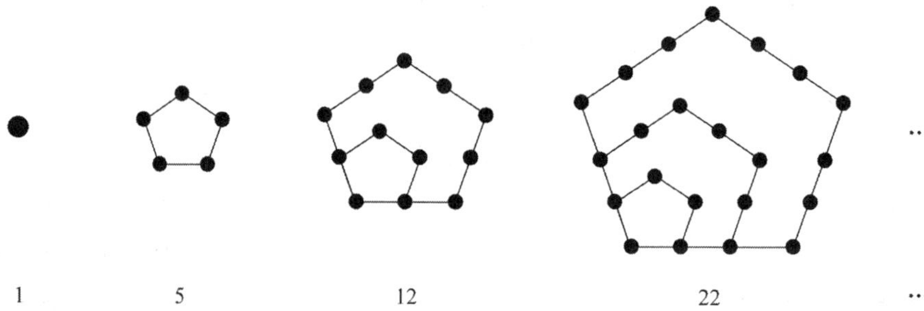

오각수는 1, 5, 12, 22, …로 숫자가 점점 커지는데 이 숫자들 사이의 규칙을 찾아보면,

> 첫 번째 수는 1
> 두 번째 수는 1 + 4 = 5
> 세 번째 수는 1 + 4 + 7 = 12
> 네 번째 수는 1 + 4 + 7 + 10 = 22
> ……

즉, 늘어나는 점의 개수가 3개씩 일정하게 많아지는 것을 볼 수 있습니다. 따라서 다음에 올 오각수는 직접 그려보지 않아도 $1+4+7+10+13=35$임을 알 수 있습니다.

삼각수와 오각수의 관계를 살펴봅시다.

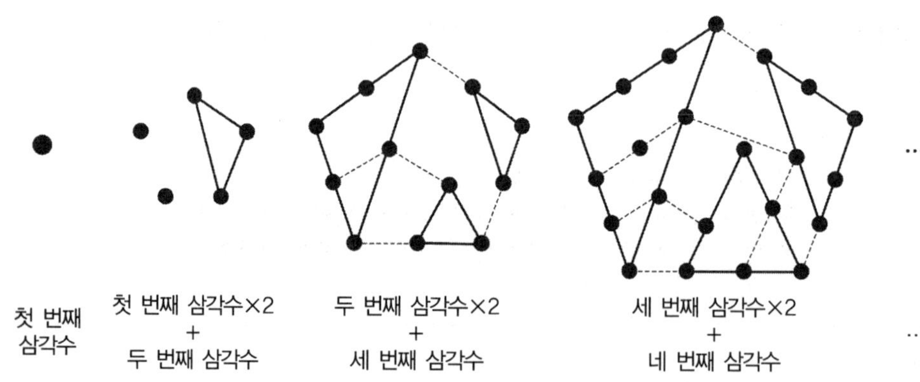

그림에서 보듯이 n번째 오각수는 '(n−1)번째 삼각수×2 + n번째 삼각수'임을 알 수 있습니다.

첫 번째 오각수(1) = 첫 번째 삼각수(1)
두 번째 오각수(5) = 첫 번째 삼각수(1) × 2 + 두 번째 삼각수(3)
세 번째 오각수(12) = 두 번째 삼각수(3) × 2 + 세 번째 삼각수(6)
……

4 육각수(hexagonal numbers) 탐구

육각수란 점을 배열해서 육각형 모양으로 나타낼 수 있는 수를 말합니다.

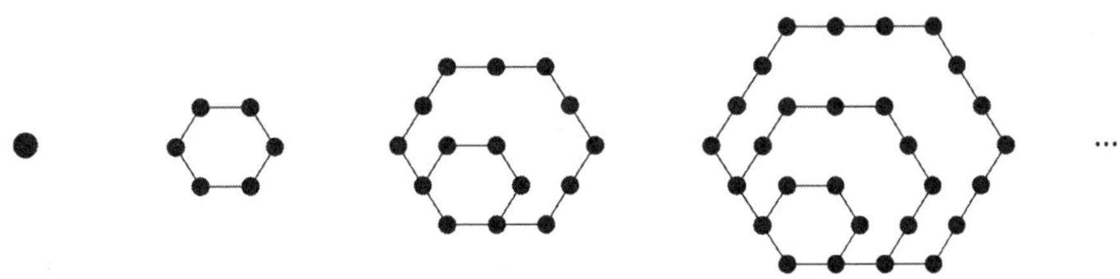

1　　6　　15　　28　　…

육각수는 1, 6, 15, 28, …로 숫자가 점점 커지는데 이 숫자들 사이의 규칙을 찾아 보면,

첫 번째 수는 1
두 번째 수는 1 + 5 = 6
세 번째 수는 1 + 5 + 9 = 15
네 번째 수는 1 + 5 + 9 + 13 = 28
……

즉, 늘어나는 점의 개수가 4개씩 일정하게 많아지는 것을 볼 수 있습니다. 따라서 다음에 올 육각수는 직접 그려보지 않아도 $1+5+9+13+17=45$임을 알 수 있습니다.

삼각수와 육각수의 관계를 살펴봅시다.

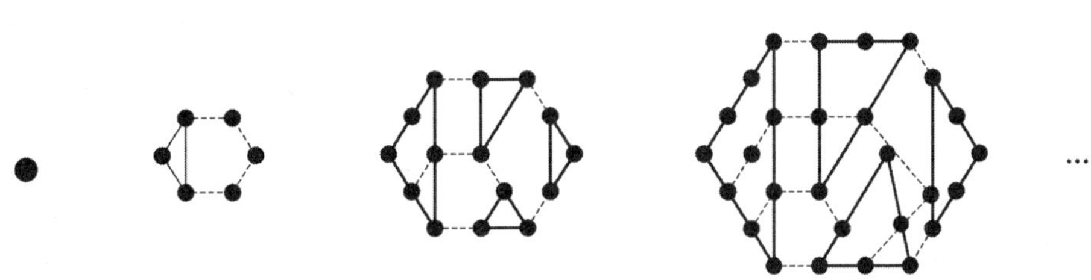

첫 번째 삼각수 | 첫 번째 삼각수×3 + 두 번째 삼각수 | 두 번째 삼각수×3 + 세 번째 삼각수 | 세 번째 삼각수×3 + 네 번째 삼각수 | …

그림에서 보듯이 n번째 육각수는 '(n-1)번째 삼각수×3 + n번째 삼각수'임을 알 수 있습니다.

> 첫 번째 육각수(1) = 첫 번째 삼각수(1)
> 두 번째 육각수(6) = 첫 번째 삼각수(1) × 3 + 두 번째 삼각수(3)
> 세 번째 육각수(15) = 두 번째 삼각수(3) × 3 + 세 번째 삼각수(6)
> ……

5 k각수 탐구

삼각수, 사각수, 오각수, 육각수를 정리해보면 다음과 같습니다.

순 / 도형수	첫 번째 수	두 번째 수	세 번째 수	네 번째 수	다섯 번째 수
삼각수	1	3	6	10	15
사각수	1	4	9	16	25
오각수	1	5	12	22	35
육각수	1	6	15	28	45

위의 표에 나타난 규칙대로 k각수의 수를 따져보면, 첫 번째 수는 1, 두 번째 수는 k임을 쉽게 알 수 있습니다. 세 번째 삼각수가 3×2, 세 번째 사각수가 3×3, 세 번째 오각수가 3×4이므로 세 번째 k각수는 $3\times(k-1)=3k-3$이 됩니다. 네 번째 삼각수가 $6\times1+4$, 네 번째 사각수가 $6\times2+4$, 네 번째 오각수가 $6\times3+4$이므로 네 번째 k각수는 $6\times(k-2)+4=6k-12+4=6k-8$이 됩니다.

순 / 도형수	첫 번째	두 번째	세 번째	네 번째	다섯 번째
k각수	1	k	3k - 3	6k - 8	10k - 15

위의 규칙에 따라 십각수와 이십각수를 다섯 번째까지 구해보면 다음과 같습니다.

순 / 도형수	첫 번째	두 번째	세 번째	네 번째	다섯 번째
십각수	1	10	3×10−3=27	6×10−8=52	10×10−15=85
이십각수	1	20	3×20−3=57	6×20−8=112	10×20−15=185

6 그노몬수(gnomonic numbers) 탐구

그노몬(gnomon)은 기원전 3세기에 에라토스테네스가 지면에 막대기를 세워 태양에 의한 그림자의 길이를 통해 지구의 크기를 측정했는데, 이때 쓰인 막대를 그노몬이라고 불렀습니다. 즉, 해시계의 바늘을 의미합니다.

그노몬수는 점의 수를 늘려가면서 L자 모양의 배열을 계속해서 만들어 갈 때, L자 모양의 배열을 만드는 점의 수를 말합니다.

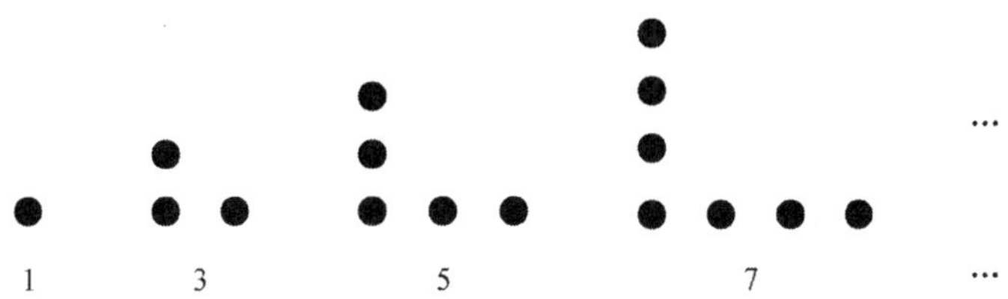

그노몬수는 1, 3, 5, 7, …로 숫자가 점점 커지는데 이 숫자들 사이의 규칙을 찾아보면, n번째 오는 그노몬수는 $2n-1$, 즉 n번째 홀수입니다.

Challenge

❶ 50번째 오는 사각수는 얼마인지 구하시오.

❷ 삼각수를 작은 순서대로 10가지 쓰시오.

| 참고문헌 |

박교식(2004). 도형에 대응시킨 수. 경문사.
한국교육개발원(2007). 도형과 수의 만남.

답안지

❶ 사각수는 두 수의 곱으로 이루어진 수이므로 50번째 오는 사각수는 $50 \times 50 = 2500$입니다.
또 다른 규칙으로 연속하는 홀수들의 합으로 이루어진 수이므로 1부터 홀수 50개의 합으로 구할 수 있습니다.

$$1+3+5+7+9+\cdots+99=2500$$

❷ 삼각수의 규칙은 연속하는 자연수들의 합이므로, 작은 수부터 차례대로 나열하면
첫 번째 수는 1
두 번째 수는 $1+2=3$
세 번째 수는 $1+2+3=6$
네 번째 수는 $1+2+3+4=10$
다섯 번째 수는 $1+2+3+4+5=15$
여섯 번째 수는 $1+2+3+4+5+6=21$
일곱 번째 수는 $1+2+3+4+5+6+7=28$
여덟 번째 수는 $1+2+3+4+5+6+7+8=36$
아홉 번째 수는 $1+2+3+4+5+6+7+8+9=45$
열 번째 수는 $1+2+3+4+5+6+7+8+9+10=55$

따라서 삼각수를 작은 순서대로 10가지 나열하면,
1, 3, 6, 10, 15, 21, 28, 36, 45, 55가 됩니다.

도형수2-각뿔수(pyramidal numbers)

각뿔수(pyramidal numbers)란?

특정한 평면도형에 수를 대응시키는 '다각수'와 같이, 특정한 입체도형에 배열한 점의 수를 대응시킨 수를 '각뿔수'라고 합니다. 각뿔수는 이용하는 각뿔의 종류에 따라 삼각뿔수(tetrahedral numbers), 사각뿔수(square pyramidal numbers), 오각뿔수(pentagonal pyramidal numbers), 육각뿔수(hexagonal pyramidal numbers) 등으로 분류할 수 있습니다.

가우스와 삼각수

천재적인 수학자로 불리는 카를 프리드리히 가우스(Carl Friedrich Gauss, 1777~1855)는 일곱 살 때에 학교에서 담임선생님이 1에서 100까지 더하라는 문제를 냈습니다. 다른 아이들은 수를 하나씩 쓰면서 계산해 나가기에 어려운 것이라 계산에 몰두하고 있는데, 가우스는 큰 소리로 "선생님! 다 끝냈습니다." 하고 소리쳤습니다. 가우스의 말에 아이들과 선생님 모두 깜짝 놀랐습니다.

아래는 가우스가 계산한 것입니다. 1부터 100까지의 합을 S라 하면,

$$\begin{array}{rcccccccccccl} & 1 & + & 2 & + & 3 & + \cdots + & 98 & + & 99 & + & 100 & \leftarrow S \\ +) & 100 & + & 99 & + & 98 & + \cdots + & 3 & + & 2 & + & 1 & \leftarrow S \\ \hline & 101 & + & 101 & + & 101 & + \cdots + & 101 & + & 101 & + & 101 & \leftarrow 2S \end{array}$$

$$S = (S + S) \div 2 = (100 \times 101) \div 2$$
$$= 5050$$

식으로 보면 어려워 보이나 이를 삼각수의 개념을 이용한 그림으로 살펴보면 보다 쉽게 이해할 수 있습니다.

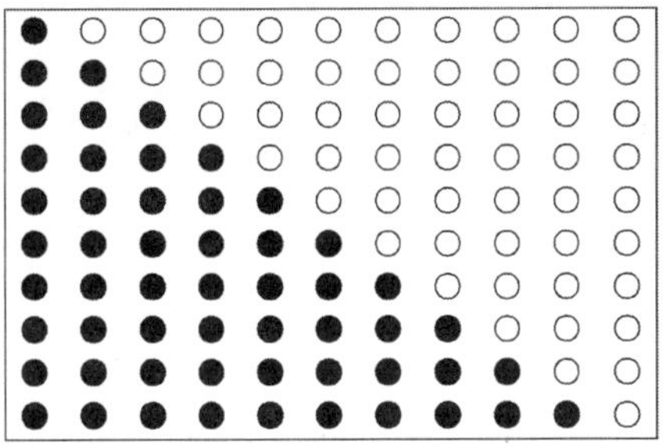

1에서 10까지 수의 합을 그림으로 나타내보면, 왼쪽 그림과 같이 됩니다. 열 번째 삼각수까지 나열한 모양을 뒤집어서 겹쳐보면 가로는 11, 세로 10이 되는 것을 발견할 수 있습니다. 따라서 1에서 10까지 수의 합은

$$11 \times 10 \div 2 = 55$$

임을 알 수 있습니다. 이와 같은 원리로 생각해보면, 1에서 100까지 수의 합은 백 번째 삼각수까지 나열한 것입니다. 이 모양을 뒤집어서 겹쳐보면 가로는 101, 세로는 100이 될 것입니다. 따라서 1에서 100까지 수의 합은

$$101 \times 100 \div 2 = 5050$$

이 됩니다.

각뿔수 탐구

1 삼각뿔수(tetrahedral numbers) 탐구

삼각뿔수란 점을 배열해서 삼각뿔 모양으로 나타낼 수 있는 수를 말합니다.

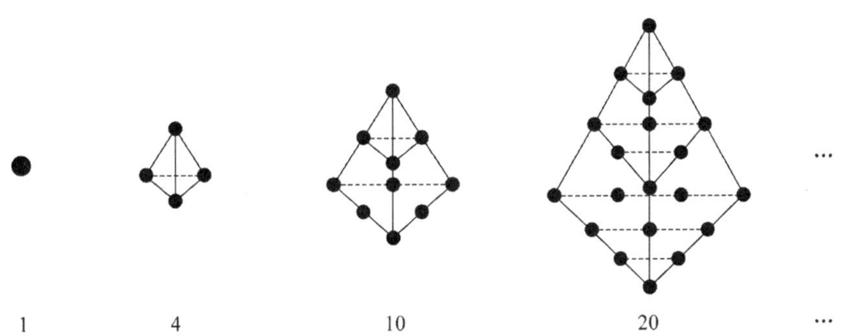

삼각뿔수는 1, 4, 10, 20, …으로 숫자가 점점 커지는데 이 숫자들 사이의 규칙을 찾아보면,

첫 번째 수는 1
두 번째 수는 1 + 3 = 4
세 번째 수는 1 + 3 + 6 = 10
네 번째 수는 1 + 3 + 6 + 10 = 20
......

즉, 1, 3, 6, 10에서 볼 수 있듯이 더하는 수가 2, 3, 4로 1씩 늘어나는 것을 알 수 있습니다. 따라서 다음에 올 삼각뿔수는 직접 그려보지 않아도 $1+3+6+10+15=35$임을 알 수 있습니다.

2 사각뿔수(square pyramidal numbers) 탐구

사각뿔수란 점을 배열해서 사각뿔 모양으로 나타낼 수 있는 수를 말합니다.

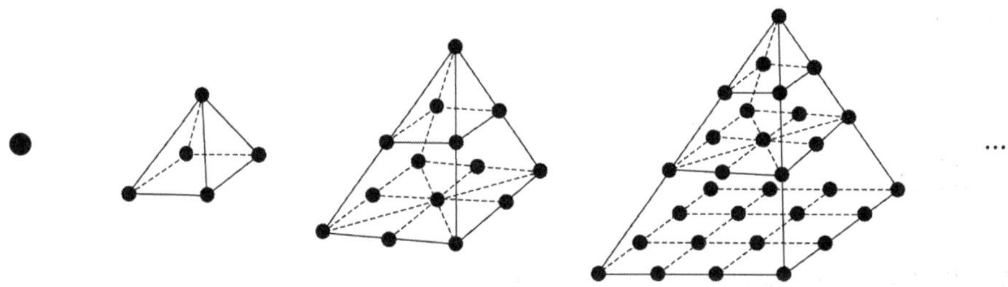

1 5 14 30 …

사각뿔수는 1, 5, 14, 30, …으로 숫자가 점점 커지는데 이 숫자들 사이의 규칙을 찾아보면,

첫 번째 수는 $1 = 1 \times 1 = 1^2$
두 번째 수는 $1 + 4 = 1 + 2 \times 2 = 1^2 + 2^2 = 5$
세 번째 수는 $1 + 4 + 9 = 1 + 4 + 3 \times 3 = 1^2 + 2^2 + 3^2 = 14$
네 번째 수는 $1 + 4 + 9 + 16 = 1 + 4 + 9 + 4 \times 4 = 1^2 + 2^2 + 3^2 + 4^2 = 30$
......

즉, 더하는 수가 같은 두 수의 곱으로 이루어진 수입니다. 따라서 다음에 올 사각뿔수는 직접 그려보지 않아도 $1+4+9+16+25=55$임을 알 수 있습니다.

3 삼각뿔수와 사각뿔수의 관계

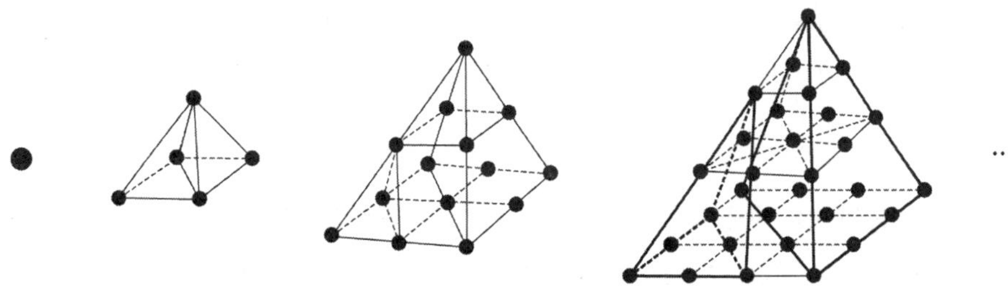

첫 번째 삼각뿔수	첫 번째 삼각뿔수 + 두 번째 삼각뿔수	두 번째 삼각뿔수 + 세 번째 삼각뿔수	세 번째 삼각뿔수 + 네 번째 삼각뿔수	…

그림에서 보듯이 n번째 사각뿔수는 '(n-1)**번째 삼각뿔수 + n번째 삼각뿔수**'임을 알 수 있습니다.

> 첫 번째 사각뿔수(1) = 첫 번째 삼각뿔수(1)
> 두 번째 사각뿔수(5) = 첫 번째 삼각뿔수(1) + 두 번째 삼각뿔수(4)
> 세 번째 사각뿔수(14) = 두 번째 삼각뿔수(4) + 세 번째 삼각뿔수(10)
> ……

4 오각뿔수(pentagonal pyramidal numbers) 탐구

오각뿔수란 점을 배열해서 오각뿔 모양으로 나타낼 수 있는 수를 말합니다.

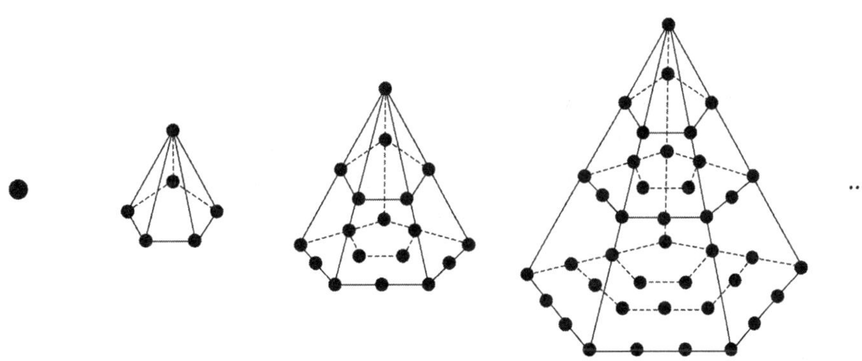

1 6 18 40 …

오각뿔수는 1, 6, 18, 40, …으로 숫자가 점점 커지는데 이 숫자들 사이의 규칙을 찾아보면 다음과 같습니다.

첫 번째 수는 1
두 번째 수는 1 + 5 = 1 + (1 + 4) = 6
세 번째 수는 1 + 5 + 12 = 1 + (1 + 4) + (1 + 4 + 7) = 18
네 번째 수는 1 + 5 + 12 + 22 = 1 + (1 + 4) + (1 + 4 + 7) + (1 + 4 + 7 + 10) = 40
……

따라서 다음에 올 오각뿔수는 직접 그려보지 않아도 $1+(1+4)+(1+4+7)+(1+4+7+10)+(1+4+7+10+13)=75$ 임을 알 수 있습니다.

5 삼각뿔수와 오각뿔수의 관계

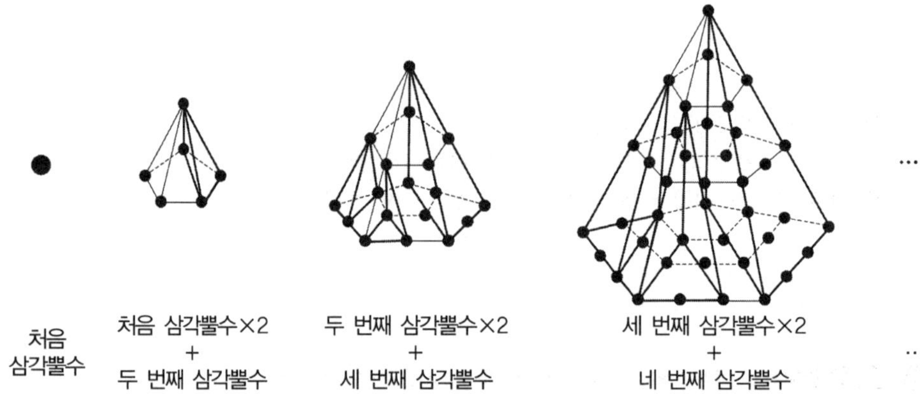

그림에서 보듯이 n번째 오각뿔수는 '(n-1)번째 삼각뿔수×2 + n번째 삼각뿔수'임을 알 수 있습니다.

첫 번째 오각뿔수(1) = 첫 번째 삼각뿔수(1)
두 번째 오각뿔수(6) = 첫 번째 삼각뿔수(1) × 2 + 두 번째 삼각뿔수(4)
세 번째 오각뿔수(18) = 두 번째 삼각뿔수(4) × 2 + 세 번째 삼각뿔수(10)
……

6 k각뿔수

삼각뿔수, 사각뿔수, 오각뿔수를 정리해보면 다음과 같습니다.

각뿔수 \ 순	첫 번째 수	두 번째 수	세 번째 수	네 번째 수	다섯 번째 수
삼각뿔수	1	4	10	20	35
사각뿔수	1	5	14	30	55
오각뿔수	1	6	18	40	75

위의 표에 나타난 규칙대로 k각뿔수의 수를 따져보면, 첫 번째 수는 1, 두 번째 수는 $k+1$임을 쉽게 알 수 있습니다. 세 번째 삼각뿔수가 $4\times3-2$, 세 번째 사각뿔수가 $4\times4-2$, 세 번째 오각뿔수가 $4\times5-2$이므로 세 번째 k각뿔수는 $4\times k-2$가 됩니다. 네 번째 삼각뿔수가 $10\times(3-1)$, 네 번째 사각뿔수가 $10\times(4-1)$, 네 번째 오각뿔수가 $10\times(5-1)$이므로 네 번째 k각수는 $10\times(k-1)=10k-10$이 됩니다.

도형수 \ 순	첫 번째	두 번째	세 번째	네 번째	다섯 번째
k각뿔수	1	k + 1	4k - 2	10k - 10	20k - 25

위의 규칙에 따라 십각뿔수와 이십각뿔수를 다섯 번째까지 구해보면 다음과 같습니다.

도형수 \ 순	첫 번째	두 번째	세 번째	네 번째	다섯 번째
십각뿔수	1	11	4×10-2=38	10×10-10=90	20×10-25=175
이십각뿔수	1	21	4×20-2=78	10×20-10=190	20×20-25=375

Challenge

❶ 10번째 오는 사각뿔수는 얼마인지 구하시오.

❷ 삼각뿔수를 작은 순서대로 10가지 쓰시오.

| 참고문헌 |

박교식(2004). 도형에 대응시킨 수. 경문사.
한국교육개발원(2007). 도형과 수의 만남.

답안지

❶ 385

k번째 오는 사각뿔수의 규칙은 $1^2+2^2+\cdots+(k-1)^2+k^2$이므로

열 번째 오는 사각뿔수는 $1^2+2^2+3^2+4^2+5^2+6^2+7^2+8^2+9^2+10^2$

이므로 385이다.

❷ 삼각뿔수의 규칙은 더하는 수가 2, 3, 4로 1씩 늘어나는 것이므로, 작은 수부터 차례대로 나열하면

첫 번째 수는 1

두 번째 수는 $1+3=4$

세 번째 수는 $1+3+6=10$

네 번째 수는 $1+3+6+10=20$

다섯 번째 수는 $1+3+6+10+15=35$

여섯 번째 수는 $1+3+6+10+15+21=56$

일곱 번째 수는 $1+3+6+10+15+21+28=84$

여덟 번째 수는 $1+3+6+10+15+21+28+36=120$

아홉 번째 수는 $1+3+6+10+15+21+28+36+45=165$

열 번째 수는 $1+3+6+10+15+21+287+36+45+55=220$

따라서 삼각수를 작은 순서대로 10가지 나열하면,

1, 4, 10, 20, 35, 56, 84, 120, 165, 220이 됩니다.

모듈 산술

모듈(modular)이란?

n은 1보다 큰 정수라고 하고, 두 정수 a, b∈Z에 대하여 a−b가 n의 배수일 때, a와 b는 모듈 n에 대하여 서로 합동이라고 하고 $a \equiv b \pmod{n}$으로 나타냅니다.

예를 들면, 두 자연수 5, 15에 대하여 $15-5=10$은 모듈 10의 배수이므로 $5 \equiv 15 \pmod{10}$, 즉 5와 15는 모듈 10에 대하여 서로 합동입니다.

가우스와 모듈 산술

독일의 수학자이자 물리학자였던 가우스(Carl Friedrich Gauss, 1777~1855)는 《산술학 강의(Disquisitiones Arithmeticae)》라는 책을 썼습니다. 이 책에서 모듈 산술(modular Arithmetic)이라는 내용을 다루면서 모듈 산술이 시작되었습니다. 가우스는 유한 산술(finite arithmetic)이라는 주제를 다루었는데 이는 일정한 주기를 가지면서 반복되는 것과 관련된 산술을 말합니다. 시계를 살펴보면 시는 12의 주기를 갖고 분은 60의 주기를 가지면서 반복됩니다. 달력을 살펴보면 요일은 7의 주기를 갖고 반복됩니다. 이처럼 규칙성 있게 반복되는 것을 유한 산술 혹은 모듈 산술, 시계 산술이라고 부릅니다. 여기에서 모듈(modular)은 주기를 말합니다. 시계에서 시의 모듈은 12, 분의 모듈은 60, 달력에서 요일의 모듈은 7이 되는 것입니다.

모듈 산술 탐구

1 모듈 기호 탐구

5월						
일	월	화	수	목	금	토
				1	2	3
4	5	6	7	8	9	10
11	12	13	14	15	16	17
18	19	20	21	22	23	24
25	26	27	28	29	30	31

달력 속에는 여러 가지 규칙이 있는데, 그중에서 모듈과 관련된 요일 규칙을 살펴 봅시다. 7일과 14일은 수요일입니다. 이 수들은 어떤 규칙이 있습니까? 바로 7의 배수입니다. 따라서 7로 나누었을 때 나머지가 0이 됩니다. 이 때 7로 나눈 나머지가 0인 이 수들을 **'모듈로 7에 대하여 7과 14가 합동'**이라 하고 '$7 \equiv 14 \pmod 7$'이라고 씁니다. 이 외에도 '모듈로 7에 대하여 21과 28이 합동'이라 하고 '$21 \equiv 28 \pmod 7$'이 됩니다. 즉, 두 수를 어떤 수로 나누었을 때 나머지가 같으면 합동이라 합니다. 모듈 연산은 나눗셈 연산이라고 부르는 것 또한 이런 이유입니다.

달력에서 '$\square \equiv 5 \pmod 7$'이 되는 수는 무엇입니까? 이는 7로 나누어서 나머지가 5가 되는 수를 달력에서 찾으라는 뜻이 됩니다. □에 들어갈 수는 5, 12, 19, 26이 됩니다.

다음의 예가 옳은지 판단해 보세요.

(1) $10 \equiv 19 \pmod 9$

(2) $23 \equiv 7 \pmod 3$

(1)에서는 10과 19를 9로 나누었을 때 나머지가 같은지 확인해 보면 됩니다. 10을 9로 나누었을 때 나머지가 1이고, 19를 9로 나누었을 때 나머지가 1이므로 합동입니다.

(2)에서는 23과 7을 3으로 나누었을 때 나머지가 같은지 확인해 보면 됩니다. 23을 3으로 나누면 나머지는 2가 되고, 7을 3으로 나누면 나머지는 1이 됩니다. 따라서 23과 7은 합동이 아니므로 잘못된 예입니다.

2 모듈 산술 - 덧셈

모듈 산술에서 덧셈하는 방법을 알아봅시다. 다음의 예를 통해 확인해 봅시다.

- $8 \oplus 9 \equiv \square \pmod 4$

□ 안에 알맞은 수는 얼마일까요? 답은 1입니다. 모듈 산술에서 사용하는 기호는 시계 산술에서 사용하는 것과 같습니다. 모듈 산술에서 덧셈을 계산하는 방법은 2가지로 생각할 수 있습니다.

첫 번째 방법은 자연수의 덧셈과 같은 방법으로 계산하는 것입니다. $8+9=17$을 계산한 다음 4로 나눈 나머지를 구합니다. $17 \div 4 = 4 \cdots 1$이 되므로 □ 안의 수는 1이 됩니다.

두 번째 방법은 합동인 두 수로 바꾸어 생각하는 것입니다. 8은 4로 나눈 나머지가 0이므로 0과 합동이 됩니다. 즉, $8 \equiv 0 \pmod 4$가 됩니다. 9는 4로 나눈 나머지가 1이므로 1과 합동이 됩니다. 즉, $9 \equiv 1 \pmod 4$가 됩니다. 따라서 합동인 수로 바꾸어 쓰면 $8 \oplus 9 \equiv 0 \oplus 1 \equiv 1 \pmod 4$이 됩니다. 더하는 두 수가 간단할 때는 어느 방법이나 큰 불편이 없지만 더하는 두 수가 클 경우에는 두 번째 방법이 더 간단합니다. 어느 방법을 사용하든 자신이 더 익숙한 방법을 사용하면 됩니다. 다음을 계산하여 보세요.

(1) $43 \oplus 17 \equiv \square \pmod 8$

(2) $2014 \oplus 1980 \equiv \square \pmod{10}$

(1)을 첫 번째 방법으로 계산해보면, $43+17=60$이 됩니다. $60 \div 8 = 7 \cdots 4$이므로 $43 \oplus 17 \equiv 4 \pmod 8$입니다. 두 번째 방법으로 계산해보면 $43 \equiv 3 \pmod 8$이고 $17 \equiv 1 \pmod 8$이므로 $3 \oplus 1 \equiv 4 \pmod 8$이 됩니다.

(2)를 첫 번째 방법으로 계산해보면, $2014+1980=3994$이고, $3994 \div 10 = 399 \cdots 4$가 되므로 $2014 \oplus 1980 \equiv 4 \pmod{10}$입니다. 두 번째 방법으로 계산해보면 $2014 \equiv 4 \pmod{10}$이고 $1980 \equiv 0 \pmod{10}$이므로 $4 \oplus 0 \equiv 4 \pmod{10}$가 됩니다.

3 모듈 산술 - 곱셈

모듈 산술에서 곱셈하는 방법을 알아봅시다. 다음의 예를 통해 확인해 봅시다.

• $5 \otimes 9 \equiv \square \pmod{4}$

□ 안에 알맞은 수는 얼마일까요? 답은 1입니다. 모듈 산술에서 사용하는 기호는 시계 산술에서 사용하는 것과 같습니다. 모듈 산술에서 곱셈을 계산하는 방법은 2가지로 생각할 수 있습니다.

첫 번째 방법은 자연수의 곱셈과 같은 방법으로 계산하는 것입니다. $5 \times 9 = 45$를 계산한 다음 4로 나눈 나머지를 구합니다. $45 \div 4 = 11 \cdots 1$이 되므로 □ 안의 수는 1이 됩니다.

두 번째 방법은 합동인 두 수로 바꾸어 생각하는 것입니다. 5는 4로 나눈 나머지가 1이므로 1과 합동이 됩니다. 즉, $5 \equiv 1 \pmod{4}$이 됩니다. 9는 4로 나눈 나머지가 1이므로 1과 합동이 됩니다. 즉, $9 \equiv 1 \pmod{4}$이 됩니다. 따라서 합동인 수로 바꾸어 쓰면 $5 \otimes 9 \equiv 1 \otimes 1 \equiv 1 \pmod{4}$이 됩니다. 곱셈에서는 자연수의 곱셈과 같은 방법으로 직접 곱해서 구한다면 수가 클 경우에 복잡해질 수 있습니다. 다음을 계산하여 보세요.

(1) $13 \otimes 15 \equiv \square \pmod{6}$

(2) $216 \otimes 331 \equiv \square \pmod{5}$

(1)을 첫 번째 방법으로 계산해보면, $13 \times 15 = 195$가 됩니다. $195 \div 6 = 32 \cdots 3$이므로 $13 \otimes 15 \equiv 3 \pmod{6}$입니다. 두 번째 방법으로 계산해보면 $13 \equiv 1 \pmod{6}$이고 $15 \equiv 3 \pmod{6}$이므로 $1 \otimes 3 \equiv 3 \pmod{6}$이 됩니다.

(2)를 첫 번째 방법으로 계산해보면, $216 \times 331 = 71496$이고, $71496 \div 5 = 14299 \cdots 1$이 되므로 $216 \otimes 331 \equiv 1 \pmod{5}$입니다. 두 번째 방법으로 계산해보면 $216 \equiv 1 \pmod{5}$이고 $331 \equiv 1 \pmod{5}$이므로 $1 \otimes 1 \equiv 1 \pmod{5}$이 됩니다. 위의 예처럼 각각 승수를 직접 곱한 후 합동인 수를 구한다면 계산이 더 복잡해집니다. 5로 나눈 나머지가 같은 합동인 수를 구해서 곱한다면 계산이 좀 더 간단해질 것입니다.

4 모듈 산술 – 뺄셈

- 실수
  - 유리수
    - 정수
      - 양의 정수(자연수)
      - 0
      - 음의 정수
    - 정수가 아닌 유리수
  - 무리수

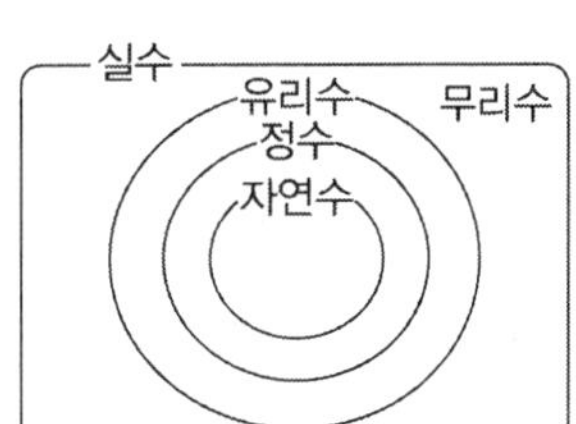

우리가 주로 사용하는 수는 양의 정수라고 불리는 자연수입니다. 자연수는 1, 2, 3, …과 같이 수학을 처음 배우면서 사용하는 수입니다. 모듈 산술에서 사용되는 수의 범위는 자연수와 0, 음의 정수를 포함하는 정수입니다. 음의 정수는 자연수와 달리 앞에 '−'기호를 붙여 사용하며 0보다 작은 수를 나타냅니다.

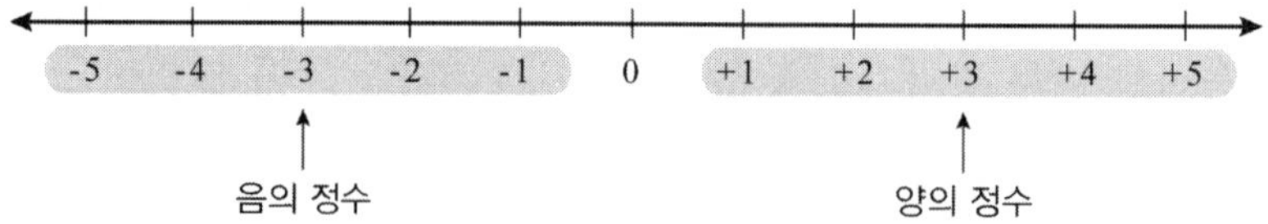

모듈 산술에서 뺄셈하는 방법을 알아봅시다. 다음의 예를 통해 확인해 봅시다.

• $2 \ominus 3 \equiv \square \pmod{6}$

□ 안에 알맞은 수는 얼마일까요? 답은 5입니다. 모듈 산술에서 사용하는 기호는 시계 산술에서 사용하는 것과 같습니다. 모듈 산술에서 뺄셈을 계산하는 방법은 앞의 수가 클 때에는 자연수의 계산 방법과 같이 앞의 수에서 뒤의 수를 빼주면 됩니다. 하지만 뒤의 수가 클 때에는 어떻게 해야 할까요? 두 가지 방법을 이용할 수 있습니다.

첫 번째 방법은 작은 수에서 큰 수를 빼고 난 후 동치인 수로 바꾸어주는 방법입니다. 수직선에서 생각해 봅시다. $2-3$을 계산해야 하니 2에서 왼쪽으로 3칸을 가야 합니다.

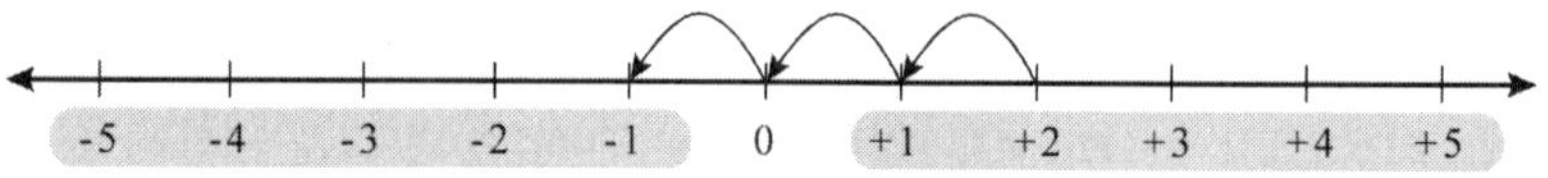

$2-3=-1$이 됩니다. $2 \ominus 3 \equiv -1 \pmod{6}$이 됩니다. 음의 정수로 나타낸 답을 모듈로 6에 대하여 동치인 자연수의 답으로 바꾸어 나타내면 어떻게 될까요? 덧셈이나 곱셈에서 큰 수의 답을 모듈인 수로 나누거나 빼 준 것과 같이 뺄셈에서 음의 정수인 답은 모듈인 수를 더해서 자연수의 답으로 바꿀 수 있습니다. 즉, $-1+6=5$이므로 $2 \ominus 3 \equiv -1 \equiv 5 \pmod{6}$가 됩니다.

두 번째 방법은 뺄셈을 하기 전에 앞의 수를 미리 큰 수로 바꾸어 문제를 해결하는 것입니다. 즉 모듈로 6에 대하여 동치인 큰 수로 바꾸어 계산합니다.

$2 \equiv 8 \equiv 14 \pmod{6}$이므로 $2 \ominus 3 \equiv 8 \ominus 3 \equiv 5 \pmod{6}$와 같이 2를 8로 바꾸어 계산합니다. 다음을 계산하여 보세요.

(1) $12 \ominus 15 \equiv \square \pmod{8}$

(2) $6 \ominus 31 \equiv \square \pmod{13}$

(1)을 첫 번째 방법으로 계산해보면, $12-15=-3$이 됩니다. $-3+8=5$이므로 $12 \ominus 15 \equiv 5 \pmod{8}$입니다.

(2)를 두 번째 방법으로 계산해보면, $6 \equiv 19 \equiv 32 \pmod{13}$이고, 6을 32로 바꾸어 계산하면 $32 \ominus 31 \equiv 1 \pmod{13}$이 됩니다.

Challenge

❶ □≡1(mod 10)을 만족하는 수 □를 모두 구하시오.

❷ 모듈 산술에서 다음 덧셈, 뺄셈, 곱셈을 하시오.

① $25 \oplus 56 \equiv \square \pmod{7}$

② $11 \ominus 24 \equiv \square \pmod{5}$

③ $1997 \otimes 1998 \equiv \square \pmod{8}$

❸ 2016년 크리스마스는 일요일이었습니다. 2017년 크리스마스는 무슨 요일인지 모듈 산술을 이용하여 문제를 해결해 보시오.

| 참고문헌 |

서울특별시교육청(2009). 서울영재교육과정 초등수학.

한국교육개발원(2004). 모듈로 산술. 영재교육자료: 초등수학 중급.

답안지

❶ □-1이 10의 배수이어야 하므로 □에 올 수 있는 수는 1, 11, 21, 31, 41, …이다.

❷ ① $25 \equiv 4 \pmod 7$, $56 \equiv 0 \pmod 7$이므로

$25 \oplus 56 \equiv 4 \oplus 0 \equiv 4 \pmod 7$

$\therefore$ □$=4$

② $11 \equiv 1 \equiv 26 \pmod 5$이므로

$11 \ominus 24 \equiv 26 \ominus 24 \equiv 2 \pmod 5$

$\therefore$ □$=2$

③ $1997 \equiv 5 \pmod 8$, $1998 \equiv 6 \pmod 8$이므로

$1997 \otimes 1998 \equiv 5 \otimes 6 \equiv 30 \equiv 6 \pmod 8$

$\therefore$ □$=6$

❸ 1년은 365일입니다. 요일은 모듈로 7이므로 $365 \div 7 = 52 \cdots 1$이 됩니다. 따라서 일요일에서 1일 뒤인 월요일이 됩니다.

바코드

바코드란 무엇일까?

마트에서 물건을 계산할 때 점원이 물건을 기계에 통과시키면 자동으로 물건의 가격이 계산되는 것을 볼 수 있습니다. 이때 가격을 쉽게 인식하도록 만들어 물건에 부착해 놓은 것이 바로 바코드입니다. 물건의 뒷면에 보면 굵기가 다른 여러 개의 검정색 막대와 숫자로 이루어진 바코드를 찾아볼 수 있습니다. 검정색 막대와 흰 막대가 기계인 스캐너를 통과하면서 반사해주는 빛의 양으로 신호를 해독할 수 있는 것입니다. 스캐너를 통해 읽어낼 수 있는 바코드에 숨은 여러 가지 정보들을 살펴봅시다.

바코드의 시작

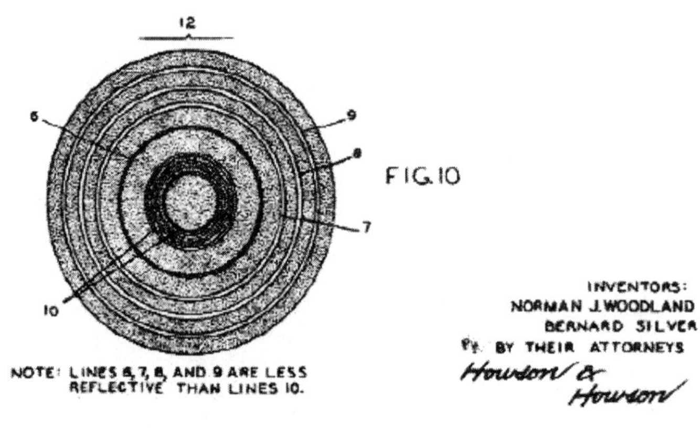

[그림] 황소의 눈 코드

바코드는 1948년 미국 필라델피아 드렉셀 공과대학의 대학원생인 버나드 실버(Bernard Silver)에 의해 시작되었습니다. [그림]과 같이 '황소 눈 코드'라고 불리는 원모양의 가격 자동처리 방법을 연구하였는데, 이것이 오늘날의 바코드 체계와 동일한 것이나 당시에는 활성화되지 못했습니다. 이후 1970년대에 들어서면서 UPC 심볼을 식료품업계의 표준으로 제정하면서 일반화되기 시작하였고, 점차 캐나다까지 확대되어 나갔습니다.

이에 자극을 받은 유럽에서는 12개의 나라가 모여 1976년 12월에 EAN(European Article Number) 코드와 심볼을 채택하여 사용하게 되었습니다. 우리나라에서는 1988년에 EAN에 가입하여 국가코드 880번을 부여받고 KAN(Korean Article Number)을 채택하여 상품에 바코드 심볼을 부착하여 사용하고 있습니다. 바코드의 색이 흰색과 검정색 막대로 이루어진 것은 바로 사람이 알아보기 좋은색이기 때문입니다. 바코드 리더기가 인식할 수 없는 색을 제외하고 흑색과 백색의 조합이 가장 식별하기 좋은 색이랍니다.

바코드 탐구

1차원 바코드 2차원 바코드

1 바코드에 담긴 정보

바코드는 1차원 바코드와 2차원 바코드로 크게 2가지 형태로 나누어 볼 수 있습니다. 1차원 바코드는 북미지역에서 사용되는 바코드로 UPC 바코드와 가장 일반적으로 사용되는 EAN 바코드입니다.

9 87654 32198 2
표준
(100%, 가로 3.73cm X 세로 2.59cm)

[UPC 바코드]

8 801234 560016 >
표준
(100%, 가로3.73cm x 세로2.6cm)

[EAN 바코드]

우리나라에서는 표준형인 EAN 바코드를 사용하고 있습니다. EAN 바코드는 13자리 숫자로 이루어져 있는데, 이 숫자 안에는 물건의 다양한 정보가 담겨 있습니다.

880 1234 56001 6
① ② ③ ④

- ① : 880은 우리나라 고유의 국가번호입니다.
- ② : 물건을 만든 회사의 번호입니다.
- ③ : 물건 자체의 번호입니다.
- ④ : 검증하기 위한 번호입니다.

2차원 바코드는 흔히 QR코드라고 부르며 많이 사용하고 있는데, 모자이크식 코드로 조그만 사각형 안에 정보를 표현합니다. 1차원 바코드가 막대선의 굵기에 따라 가로 방향으로만 정보를 표현할 수 있는데 반해, 2차원 바코드는 가로와 세로 모두에 정보를 담을 수 있어 2차원 바코드는 1차원 바코드에 비해 100배나 많은 정보를 담을 수 있고 또한 코드가 상당부분 훼손되어도 해당정보를 파악할 수 있는 장점이 있습니다.

2 바코드 숫자의 비밀

바코드의 숫자들은 어떤 비밀을 가지고 있을까요? 바코드의 숫자들은 단순한 숫자들로 만들어져서 수학적인 의미를 담고 있진 않아요. 하지만 마지막 자리 수인 '체크숫자'에 비밀이 숨겨져 있답니다.

바코드 13자리 수 중에서 홀수 번째 자리에 있는 수들을 더한 값과 짝수 번째 자리에 있는 수들을 더한 값의 3배를 한 합이 10의 배수가 되도록 체크숫자가 정해집니다. 이때 체크숫자는 제외하고 앞에서부터 차례로 홀수 번째 자리 수로 수를 세어가면 됩니다.

(홀수 번째 자리 수들의 합)+(짝수 번째 자리 수들의 합)×3+체크숫자
= <u>10의 배수</u>

아래의 바코드로 한번 확인해볼까요?

8 801234 560016 >

표준
(100%, 가로3.73cm x 세로2.6cm)

$$\underline{8}\ 8\ \underline{0}\ 1\ \underline{2}\ 3\ \underline{4}\ 5\ \underline{6}\ 0\ \underline{0}\ 1\ 6$$

일단 체크숫자를 제외하고 앞에서부터 홀수 번째 자리 수를 세어가기 때문에 홀수 번째 자리는 밑줄 친 수가 됩니다. 홀수 번째 자리 수의 합과 짝수 번째 자리 수의 합의 3배를 해 보면,

$$(8+0+2+4+6+0)+(8+1+3+5+0+1)\times 3=20+54=74$$

입니다. 체크숫자를 더해 10의 배수가 되어야 하므로

$$74+(\text{체크숫자})=10\text{의 배수}$$

74에 체크숫자 한 자리 수를 더해 10의 배수가 될 수 있는 수는 80이므로 체크숫자는 6이 되는 것입니다.

Challenge

❶ 다음 바코드의 빈칸에 알맞은 수를 써 넣으시오.

① 8 809080 20182□

② 8 801051 148□55

③ 8 80101□ 603976

④ 5 010029 0205□9

| 참고문헌 |

대한상공회의소 유통물류진흥원 http://www.gs1kr.org/Service/appl/index.asp

바코드 뉴스 http://www.barcode.com

바코드 생성기 http://www.onlinelabels.com/label-generator-tools/

답안지

❶ ① 4

식 : $(8+0+0+0+0+8)+(8+9+8+2+1+2)\times3+\square=10$의 배수

② 8

식 : $(8+0+0+1+4+\square)+(8+1+5+1+8+5)\times3+5=10$의 배수

③ 9

식 : $(8+0+0+\square+0+9)+(8+1+1+6+3+7)\times3+6=10$의 배수

④ 1

식 : $(5+1+0+9+2+5)+(0+0+2+0+0+\square)\times3+9=10$의 배수

배수와 약수

배수와 약수란?

어떤 수를 1배, 2배, 3배, … 한 수를 그 수의 배수라고 합니다. 3, 6, 9, …는 3의 배수입니다.

어떤 수를 나누어떨어지게 하는 수를 그 수의 약수라고 합니다. 8은 1, 2, 4, 8로 나누어떨어집니다. 따라서 1, 2, 4, 8은 8의 약수입니다.

$3\times\square=12$에서 □에 적합한 자연수가 존재할 때 이때 3을 12의 약수라고 하고, 12를 3의 배수라고 부릅니다. 또 '3은 12를 나눈다.' 혹은 '12는 3으로 나누어떨어진다.'라고 합니다.

예를 들어, 12를 여러 수의 곱으로 나타내어 보면 다음과 같습니다.

$$
\begin{aligned}
12 &= 1\times12\\
&= 2\times6\\
&= 4\times3
\end{aligned}
$$

이때 1, 2, 3, 4, 6, 12는 12의 약수이고, 12는 1, 2, 3, 4, 6, 12의 배수입니다.

배수는 어디에 사용하나요?

우리나라에서는 띠를 이용해 사람들의 나이를 말하곤 합니다. 또 새해가 되면 "병신년이 가고 정유년이 왔다." 혹은 "닭의 해가 되었다."라고도 합니다. 이는 우리나라에서 사용하는 10간 12지에 따라 결정되는 것입니다.

10간	갑(甲)	을(乙)	병(丙)	정(丁)	무(戊)	기(己)	경(庚)	신(辛)	임(壬)	계(癸)

12지	자(子)	축(丑)	인(寅)	묘(卯)	진(辰)	사(巳)	오(午)	미(未)	신(申)	유(酉)	술(戌)	해(亥)
	쥐	소	범	토끼	용	뱀	말	양	원숭이	닭	개	돼지

따라서 갑자년, 을축년, 병인년, 정묘년, 무진년, 기사년, 경오년, 신미년, 임신년, 계유년, 갑술년, 을해년, … 순으로 돌아가게 됩니다. 2016년은 병신년으로 원숭이의 해였으므로 2017년은 정유년으로 닭의 해가 되는 것입니다. 10간은 10년에 한 번 돌아오는 것이고, 12지는 12년에 한 번 돌아오는 것으로 띠를 나타냅니다.

10간 : 10, 20, 30, 40, 50, <u>60</u>, 70, 80, 90, 100, 110, <u>120</u>, 130…

12지 : 12, 24, 36, 48, <u>60</u>, 72, 84, 96, 108, <u>120</u>, 132…

다음 병신년이 돌아오는 해는 2016년+60년=2076년이 됩니다. 할아버지와 손녀의 태어난 해의 이름이 같다면 60년이 차이나는 것입니다. 만 60세에 환갑이나 회갑이라고 부르는 것은 60년이 되어 다시 돌아온다는 뜻을 지니고 있는 것입니다.

우리가 '○△년'으로 부르는 이름은 연도로 쉽게 알 수 있습니다. ○는 연도수의 끝자리에 따라 결정됩니다.

연도수 끝자리	1	2	3	4	5	6	7	8	9	0
○	신	임	계	갑	을	병	정	무	기	경

△는 '연도수÷12'를 계산했을 때 나머지에 따라 결정됩니다.

나머지	0	1	2	3	4	5	6	7	8	9	10	11
△	신	유	술	해	자	축	인	묘	진	사	오	미

우리나라가 광복을 맞이한 1945년을 살펴봅시다. 끝자리가 5이므로 ○는 '을'이고, $1945 \div 12 = 162 \cdots 1$이므로 △는 '유'이다. 따라서 1945년은 을유년입니다.

배수와 약수 탐구

1 배수의 특징

다음은 주어진 수의 배수를 나열한 것입니다.

수	배수
2	2, 4, 6, 8, 10, 12, 14, 16, 18, 20, …
3	3, 6, 9, 12, 15, 18, 21, 24, 27, 30, …
4	4, 8, 12, 16, 20, 24, 28, 32, 36, 40, …
5	5, 10, 15, 20, 25, 30, 35, 40, 45, 50, …
6	6, 12, 18, 24, 30, 36, 42, 48, 54, 60, …
7	7, 14, 21, 28, 35, 42, 49, 56, 63, 70, …
8	8, 16, 24, 32, 40, 48, 56, 64, 72, 80, …
9	9, 18, 27, 36, 45, 54, 63, 73, 81, 90, …

위의 표에서 찾아볼 수 있는 배수의 특징은 다음과 같습니다.

- 2의 배수는 짝수입니다. 2의 배수는 일의 자리 숫자가 '2, 4, 6, 8, 0'이 반복되어 나타납니다.
- 3의 배수는 일의 자리 숫자가 0~9까지 고루 나오며 각 자리 숫자의 합이 3의 배수가 됩니다.
- 4의 배수는 짝수입니다. 일의 자리 숫자가 '4, 8, 2, 6, 0'이 반복되어 나타난다. 4의 배수는 2의 배수에 포함됩니다.
- 5의 배수는 일의 자리 숫자가 5, 0으로 반복됩니다.
- 6의 배수는 짝수이고 일의 자리 숫자가 '6, 2, 8, 4, 0'이 반복되어 나타납니다. 6의 배수는 2의 배수와 3의 배수에 포함됩니다.
- 7의 배수는 일의 자리 숫자가 0~9까지 고루 나옵니다.
- 8의 배수는 짝수이고 일의 자리 숫자가 '8, 6, 4, 2, 0'으로 반복되어 나타납니다.
- 9의 배수는 일의 자리 숫자가 0~9까지 고루 나옵니다. 일이 자리와 십의 자리 수의 합이 9의 배수가 된다. 9의 배수는 3의 배수에 포함됩니다.

2 배수 판정법

위에서 알아본 특징을 바탕으로 배수 판별 방법을 알아봅시다.

- **2의 배수 판정법 : 일의 자리가 0 또는 짝수인 수**

  예 1520의 경우, 일의 자리가 0이므로 2의 배수입니다.

  4925의 경우, 일의 자리가 홀수이므로 2의 배수가 아닙니다.

- **3의 배수 판정법 : 각 자리 숫자의 합이 3의 배수인 수**

  예 734568의 경우, 각 자리 숫자의 합($7+3+4+5+6+8=33$)이 33이고, 33

이 3의 배수이므로 3의 배수입니다.

- 4의 배수 판정법 : 마지막 두 자리가 00 또는 4의 배수인 수

예 824524의 경우, 마지막 두 자리가 24이고 24는 4의 배수이므로 4의 배수입니다.

- 5의 배수 판정법 : 일의 자리가 0 또는 5인 수

예 719305의 경우, 일의 자리 숫자가 5이므로 5의 배수입니다.

- 6의 배수 판정법 : 2와 3의 배수판정법을 모두 만족하는 수

예 583236의 경우, 일의 자리 숫자가 6이므로 2의 배수입니다. 각 자리 숫자의 합($5+8+3+2+3+6=27$)이 3의 배수입니다. 2의 배수와 3의 배수가 되므로 6의 배수입니다.

- 7의 배수 판정법 : 7의 배수를 판정하는 여러 가지 방법이 있으나 수가 작을 경우에는 직접 7로 나누어 확인하는 방법이 더 간단합니다.

① 뒤에서부터 세 자리씩 끊어서 빼고 더한 수가 0 또는 7의 배수인 수

예 26083890이 7의 배수인지 알아봅시다.

뒤에서부터 세 자리씩 끊으면 26/083/890이 됩니다. $890-83+26=833$이고, $833 \div 7=119$이므로 7의 배수입니다.

② ABCDE가 있을 때, ABCD$-(2\times$E$)$가 7의 배수인 수로 이 과정을 반복하여 큰 수도 7의 배수인지 판정이 가능

예 6684111이 7의 배수인지 알아봅시다.

$$
\begin{array}{rl}
6684111 & \\
-\quad\quad 2 & \leftarrow 1\times2 \\ \hline
668409 & \\
-\quad\; 18 & \leftarrow 9\times2 \\ \hline
66822 & \\
-\quad 4 & \leftarrow 2\times2 \\ \hline
6678 & \\
-\; 16 & \leftarrow 8\times2 \\ \hline
651 & \\
-\; 2 & \leftarrow 1\times2 \\ \hline
63 & \\
-\; 6 & \leftarrow 3\times2 \\ \hline
0 &
\end{array}
$$

0이 7의 배수이므로 6684111은 7의 배수입니다.

③ 일의 자리부터 시작하여 각 자리 수에 1, 3, 2, 6, 4, 5를 반복하여 곱하고,

이 수들을 모두 더한 값이 7의 배수인 수

예 앞에서 다루었던 26083890을 위의 방법으로 7의 배수인지 알아봅시다.

$\underline{3}\times 2+\underline{1}\times 6+\underline{5}\times 0+\underline{4}\times 8+\underline{6}\times 3+\underline{2}\times 8+\underline{3}\times 9+\underline{1}\times 0=6+6+32+18$ $+16+27=105$, $105\div 7=15$이므로 7의 배수입니다.

④ 미국의 라이언스(Vosburgh Lyons)가 발견한 방법으로 4609963715가 7의 배수인지 알아봅시다.

두 자리씩 수를 끊어서 표시하고	46 09 96 37 15
두 자리 수를 7로 나눈 나머지를 차례로 쓰기	4 2 5 2 1
나머지를 오른쪽에서부터 3개씩 묶어 세로로 쓰고 순서대로 더하기	5 2 1 + 4 2 5 6 3
각 자리 숫자마다 7로 나눈 나머지 쓰기	5 6 3
왼쪽의 두 숫자와 오른쪽의 두 숫자를 묶어 두 수 만들기	56 63
두 수를 7로 나눈 나머지 구하기	0 0
오른쪽 수에서 왼쪽수를 뺀 수가 7의 배수이면 처음의 수도 7의 배수	0 − 0 = 0

• **8의 배수 판정법 : 마지막 3자리가 000 또는 8의 배수인 수**

예 3564696의 경우, 마지막 3자리가 696이고 $696\div 8=87$이므로 8의 배수입니다.

• **9의 배수 판정법 : 각 자리의 숫자의 합이 9의 배수인 수**

예 1330668의 경우, 각 자리 숫자의 합$(1+3+3+0+6+6+8=27)$이 27이고, 27은 9의 배수이므로 9의 배수입니다.

배수 판정법을 이용하여 실제 수의 배수를 판정해봅시다.

① 124 배수 판정

☞ 일의 자리 숫자가 4이므로 2의 배수이면서 4, 6, 8의 배수가 될 수 있으며 5의 배수는 아닙니다.

☞ 각 자리 숫자의 합$(1+2+4=7)$이 7이므로 3의 배수와 9의 배수가 아닙니다.

☞ 마지막 2자리 숫자가 24로 4의 배수가 됩니다.

☞ 2의 배수이지만 3의 배수가 아니므로 6의 배수가 아닙니다.

☞ 수가 작으므로 수를 나누어보면 $124\div 7=17\cdots 5$이므로 7의 배수가 아닙니다.

☞ 마지막 3자리 $124\div 8=15\cdots 4$이므로 8의 배수가 아닙니다.

☞ 따라서 124는 2의 배수, 4의 배수입니다.

② 2009 배수 판정

☞ 일의 자리 숫자가 9이므로 2, 4, 5, 6, 8의 배수가 아닙니다.

☞ 각 자리 숫자의 합($2+9=11$)이 11이므로 3의 배수와 9의 배수가 아닙니다.

☞ $200-(2\times9)=182$이고, $18-(2\times2)=14$가 되어 7의 배수입니다.

☞ 따라서 2009는 7의 배수입니다.

그 밖에 십의 자리가 1인 수의 배수 판정 방법을 알아봅시다.

• 10의 배수 판정법 : 일의 자리가 0인 수

예 263090의 경우, 일의 자리 숫자가 0이므로 10의 배수입니다.

• 11의 배수 판정법 : 홀수자리 숫자들의 합과 짝수자리 숫자들의 합의 차가 0 또는 11의 배수인 수

예 6428191의 경우, 홀수자리 합($6+2+1+1=10$)과 짝수자리 합($4+8+9=21$)의 차가 11이므로 6428191은 11의 배수가 됩니다.

• 12의 배수 판정법 : 3과 4의 배수판정법을 모두 만족하는 수

예 11483472의 경우, 각 자리 숫자의 합($1+1+4+8+3+4+7+2=30$)이 30이고, 30은 3의 배수입니다. 또 마지막 2자리가 72이고 72는 4의 배수입니다. 3의 배수이고 4의 배수이므로 11483472는 12의 배수입니다.

• 13의 배수 판정법 : ABCDE에서 ABCD+(E×4)가 13의 배수인 수

예 706173의 경우, 78(13의 배수)이 되어 706173은 13의 배수가 됩니다.

$$
\begin{array}{rl}
706173 & \\
+\quad 12 & \leftarrow 3\times4 \\
\hline
70629 & \\
+\quad 36 & \leftarrow 9\times4 \\
\hline
7098 & \\
+\quad 32 & \leftarrow 8\times4 \\
\hline
741 & \\
+\quad 4 & \leftarrow 1\times4 \\
\hline
78 &
\end{array}
$$

• 17의 배수 판정법 : ABCDE에서 ABCD−(E×5)가 17의 배수인 수

예 39865의 경우, 34(17의 배수)가 되어 39865는 17의 배수가 됩니다.

$$
\begin{array}{rrl}
 & 39865 & \\
- & 25 & \leftarrow 5\times5 \\ \hline
 & 3961 & \\
- & 5 & \leftarrow 1\times5 \\ \hline
 & 391 & \\
- & 5 & \leftarrow 1\times5 \\ \hline
 & 34 &
\end{array}
$$

• 19의 배수 판정법 : ABCDE에서 ABCD+(E×2)가 19의 배수인 수

예 48982의 경우, $4898+4=4902$이고, $490+4=494$, $49+8=57$(19의 배수)이 되어 48982는 19의 배수가 됩니다.

$$
\begin{array}{rrl}
 & 48982 & \\
+ & 4 & \leftarrow 2\times2 \\ \hline
 & 4902 & \\
+ & 4 & \leftarrow 2\times2 \\ \hline
 & 494 & \\
+ & 8 & \leftarrow 4\times2 \\ \hline
 & 57 &
\end{array}
$$

3 배수와 약수의 성질

a, b, c 세 수가 자연수라면 다음이 성립합니다.(단, $a>b$입니다.)

• a가 c의 배수이고, b가 c의 배수이면 a+b는 c의 배수입니다. 또한 c가 a의 약수이고, c가 b의 약수이면 c는 a+b의 약수입니다.

예 $a=20$, $b=8$, $c=4$일 때

20은 4의 배수이고, 8도 4의 배수입니다. $20+8=28$은 4의 배수입니다.

• a가 c의 배수이나 b가 c의 배수가 아니면 a+b는 c의 배수가 아닙니다. 또한 c가 a의 약수이나, c가 b의 약수가 아니면 c는 a+b의 약수가 아닙니다.

예 $a=20$, $\underline{b=9}$, $c=4$일 때

20은 4의 배수이고, 9는 4의 배수가 아닙니다. $20+9=29$가 되고 29는 4의 배수가 아닙니다.

• a가 c의 배수이고, b가 c의 배수이면 a−b는 c의 배수입니다. 또한 c가 a의 약수이고, c가 b의 약수이면 c는 a−b의 약수입니다.

예 $a=20$, $b=8$, $c=4$일 때

20은 4의 배수이고, 8도 4의 배수입니다. $20-8=12$는 4의 배수입니다.

- a가 c의 배수이고, b가 c의 배수가 아니면 a−b는 c의 배수가 아닙니다. 또한 c가 a의 약수이고, c가 b의 약수가 아니면 c는 a−b의 약수가 아닙니다.

예 $a=20$, $\underline{b=9}$, $c=4$일 때

20은 4의 배수이고, 9는 4의 배수가 아닙니다. $20-9=11$이 되고 11은 4의 배수가 아닙니다.

4 약수의 개수 구하기

어떤 수의 배수의 개수는 무한히 많습니다. 가령 2의 배수를 찾는다면 2, 4, 6, 8, 10, 12, 14, 16, 18, 20, … 끊임없이 많은 배수가 있으므로 그 개수를 셀 수 없습니다. 그러면 약수의 개수는 어떻게 셀 수 있을까? 약수의 개수는 직접 나열해서 세어보면 됩니다.

예를 들어 10의 약수를 구해봅시다. '$10=1\times10=2\times5$'이므로 10의 약수는 1, 2, 5, 10으로 약수의 개수는 4개입니다. 그런데 수가 커지면 직접 나열하기 힘들고 그 과정에서 빠뜨리는 수가 생길 수 있습니다. 이럴 때에는 수를 소수의 곱으로 만들어 계산하는 방법이 있습니다.

36의 약수를 구해봅시다. 일단 수를 작은 소수부터 차례대로 분리해내는 것이 쉽습니다.

$$36=2\times\underline{18}=2\times2\times\underline{9}=2\times2\times3\times3=2^2\times3^2$$

이때 2^2의 약수의 개수는 2^0, 2^1, 2^2으로 3개이고, 3^2의 약수의 개수도 3^0, 3^1, 3^2으로 3개입니다. 36이라는 수가 2^2과 3^2의 곱이므로 약수는 $3\times3=9$개 있습니다. 이는 다른 수에도 똑같은 방법으로 이용할 수 있습니다. 72의 약수의 개수는 $72=2^3\times3^2$이므로 $(3+1)\times(2+1)=12$개가 됩니다.

5 최대공약수와 최소공배수

공약수란 두 수의 공통된 약수를 말합니다. 두 수의 약수를 나열하여 공약수를 찾아낼 수 있습니다.

• 18의 약수 : 1, 2, 3, 6, 9, 18

• 24의 약수 : 1, 2, 3, 4, 6, 8, 12, 24

두 수의 공약수는 1, 2, 3, 6이 됩니다. 그중 가장 큰 공약수를 최대공약수라고 부릅니다.

최대공약수는 위에서 약수의 개수를 구할 때 이용한 작은 소수로 분리해내는 방법으로도 찾아낼 수 있습니다.

• $18 = 2 \times 3 \times 3$

• $24 = 2 \times 2 \times 2 \times 3$

여기에서 공통된 수의 개수만큼 찾아 그 두 수의 곱을 하면 됩니다. 18에서 2는 1개, 24에서 2는 3개이므로 공통된 개수로 2는 1개가 되고, 18에서 3은 2개, 24에서 3은 1개이므로 공통된 개수로 3은 1개가 됩니다. 따라서 두 수의 최대공약수는 $2 \times 3 = 6$이 됩니다.

27과 30의 두 수를 소수의 곱으로 분리해 내고 최대공약수를 구해봅시다.

• $27 = 3 \times 3 \times 3$

• $30 = 2 \times 3 \times 5$

따라서 27과 30의 최대공약수는 3이 됩니다.

최대공약수는 두 수의 공약수를 이용해서도 구할 수 있습니다. 두 수의 공약수로 각 수를 나누어가며 나누어지지 않을 때까지 반복합니다. 이때 나눈 공약수들의 곱 $(2 \times 2 \times 3 = 12)$이 두 수의 최대공약수입니다.

2	36	60
2	18	30
3	9	15
	3	5

공배수란 두 수의 공통된 배수를 말합니다. 공배수도 공약수와 같이 두 수의 배수를 나열하여 공통된 배수를 찾아낼 수 있습니다.

3의 배수 : 3, 6, 9, 12, 15, 18, 21, 24, 27, 30, …

5의 배수 : 5, 10, 15, 20, 25, 30, …

두 수의 공배수는 15, 30, …이 됩니다. 그중 가장 작은 공배수를 최소공배수라 부릅니다. 3과 5의 최소공배수는 15가 됩니다.

최소공배수는 최대공약수와 같이 작은 소수로 분리해내는 방법을 이용해서도 찾아낼 수 있습니다. 위의 예를 이용하여 최소공배수를 구해봅시다.

- $18 = 2 \times 3 \times 3$
- $24 = 2 \times 2 \times 2 \times 3$

최소공배수는 최대공약수와 달리 두 수 중 소수의 개수가 많은 쪽의 개수만큼 곱합니다. 18에서 2는 1개, 24에서 2는 3개이므로 2는 3개가 되고, 18에서 3은 2개, 24에서 3은 1개이므로 3은 2개가 됩니다. 따라서 두 수의 최소공배수는 $2 \times 2 \times 2 \times 3 \times 3 = 72$가 됩니다.

27과 30의 최소공배수를 구해봅시다.

- $27 = 3 \times 3 \times 3$
- $30 = 2 \times 3 \times 5$

27과 30의 최소공배수는 $2 \times 3 \times 3 \times 3 \times 5 = 270$이 됩니다.

최소공배수도 두 수의 공약수를 이용해서 구할 수 있습니다. 최대공약수를 구하는 것과 같이, 두 수의 공약수로 각 수를 나누어가며 나누어지지 않을 때까지 반복합니다. 이때 나눈 공약수와 나머지들의 곱($2 \times 2 \times 3 \times 3 \times 5 = 180$)이 두 수의 최소공배수입니다.

2	36	60
2	18	30
3	9	15
	3	5

6 유클리드 호제법

유클리드 호제법에서는 두 수 중 어느 하나의 약수에 대한 정보가 없어도 두 수의 공통인 약수를 찾을 수 있습니다. 또한 기초적인 계산 이외에는 아무것도 사용하지 않습니다. 이러한 유클리드 호제법을 이용하면 공통인 인수를 찾는 복잡한 인수분해는 필요없게 됩니다. 따라서 큰 두 수의 최대공약수도 쉽게 구할 수 있습니다. 유클리드 호제법을 이용하여 1124, 236의 최대공약수를 구하는 방법을 알아봅시다.

$$1124 = 236 \times 4 + 180$$

$$236 = 180 \times 1 + 56$$

$$180 = 56 \times 3 + 12$$

$$56 = 12 \times 4 + 8$$

$$12 = 8 \times 1 + 4$$

$$8 = 4 \times 2 + 0$$

따라서 두 수의 최대공약수는 4가 됩니다.

Challenge

❶ 3192623는 어떤 수의 배수인지 배수판정법을 이용해 찾으시오.

❷ 252와 630을 두 수의 곱으로 분리하여 최대공약수와 최소공배수를 구하시오.

| 참고문헌 |

강고운(2012). 유클리드 호제법을 이용한 최대공약수의 분석 및 지도 방법. 부산대학교 대학원 석사학위논문.

교육인적자원부(2004). 초등교사교육을 위한 수학프로그램 적용 및 확산연구.

김용운 · 김용국(2012). 재미있는 수학여행 1. 김영사.

류성림 · 김경탁 · 서지수(2011). 숫자퍼즐. 경문사.

최지영(2002). 초등학교 수학 교과서에 나타난 약수와 배수 지도방법에 대한 분석. 서울대학교 교육대학원 석사학위논문.

한국교육개발원(1998). 재미있는 수의 세계.

답안지

❶ 7의 배수

☞ 일의 자리 숫자가 3이므로 2, 4, 5, 6, 8의 배수는 아니다.

☞ 각 자리 숫자의 합($3+1+9+2+6+2+3=26$)이 26이므로 3, 9의 배수는 아니다.

☞ 3/192/623처럼 구분하여 $3-192+623=434$를 구한다. 음수가 나올 경우에는 부호 순서를 바꾼다. 이때 434가 7의 배수이므로 7의 배수이다.

❷ 최대공약수: 126, 최소공배수: 1260

$$252=2\times2\times3\times3\times7$$
$$630=2\times3\times3\times5\times7$$

최대공약수는 $2\times3\times3\times7=126$이고, 최소공배수는 $2\times2\times3\times3\times5\times7=1260$이다.

복면산(alphametic, 覆面算)

복면산이란?

복면산(覆面算)은 수학 퍼즐의 한 종류로, 문자를 이용하여 표현된 수식에서 각 문자가 나타내는 숫자를 알아내는 문제를 말합니다. 숫자를 문자로 숨겨서 나타내므로 숫자가 '복면'을 쓰고 있는 연산이라는 뜻에서 복면산이라 이름 지어졌습니다. 알파벳 문자를 이용한 것은 '알파벳 산술'이라 부르기도 합니다.

복면산은 'alphametic'이라고도 불리는데 각 문자는 일대일 대응이 되어야 합니다. 즉, 같은 문자는 같은 숫자를 나타내고 서로 다른 문자는 서로 다른 숫자를 나타내는 것입니다. 그리고 첫 번째 자리의 숫자는 0이 아니라고 가정하며 복면산 문제의 답은 유일해야 합니다.

복면산의 유래

복면산의 예로는 헨리 어니스트 듀드니(Henry Ernest Dedeney)가 1924년 7월 〈Strand Magazine〉에 퍼즐에 관련된 내용을 기재하면서 원고료가 적다는 것을 호소하고자 발표한 다음 문제가 특히 유명합니다.

$$\begin{array}{r} SEND \\ +\ MORE \\ \hline MONEY \end{array}$$

이 밖에도 어떤 숫자라도 가능하다는 뜻으로 문자 대신 빈칸이나 * 기호를 사용한 문제도 있는데, 이런 종류의 문제는 충식산(蟲食算, 벌레 먹은 셈)이라 부릅니다.

옛날 중국의 한 장사꾼에게는 닥종이로 만든 장부가 있었는데, 하루는 장부를 펼쳐봤더니 벌레가 먹은 바람에 받을 돈을 적어놓은 부분이 사라져 있었습니다. 지혜

로운 장사꾼은 아래 수들과 위 수들의 관계로 그 자리에 적혀 있어야 할 원래 수들을 알아냈는데, 이것이 충식산 문제의 시초이며, 예를 들면 아래와 같습니다.

$$\begin{array}{r} \square\,7\,\square \\ \times \quad\;\; 9 \\ \hline 1\,\square\,\square\,3 \end{array}$$

복면산 탐구

1 헨리 어니스트 듀드니의 복면산 문제

복면산의 시초라 할 수 있는 헨리 어니스트 듀드니의 복면산 문제를 풀어봅시다.

$$\begin{array}{r} S\;E\;N\;D \\ +\;\;M\;O\;R\;E \\ \hline M\;O\;N\;E\;Y \end{array}$$

① 먼저 문제를 살펴봅시다. 네 자리 수끼리의 덧셈으로 다섯 자리 수가 되었습니다. 천의 자리에 해당되는 S와 M을 더해서 10 이상이 되어야만 받아올림하여 숫자 M이 만들어집니다. S와 M의 합은 17(=9+8)이 최대이므로 M의 값은 1이 됩니다.

② M 다음으로 천의 자리인 S+M을 살펴봅시다. S와 M의 합이 10 이상이 되어 받아올림이 있어야 하므로 S의 값은 9가 됩니다. 이때 O는 0일 수도 있고, 1일 수도 있습니다. 그런데 백의 자리 숫자를 나타내는 E가 8 이하의 숫자이므로 O의 값은 0이 됩니다.

③ 이제 백의 자리 숫자를 나타내는 E와 N의 관계를 살펴봅시다. O가 0이고 N은 E와 같은 숫자가 되면 안 되므로 백의 자리의 계산은 10의 자리에서 1이 올라와야 합니다. N은 E보다 1 큰 수(N=E+1)가 됩니다.

④ 다음으로 10의 자리인 N+R=E를 살펴봅시다. ③에서 N=E+1이고 백의 자리로 1이 올라갔으므로 일의 자리에서 1이 올라오지 않았다면 N+R=(E+1)

+R=E+10(10은 백의 자리로 올라간 1을 의미함)이 되어 R은 9가 됩니다. 그런데 S가 9이므로 R이 9가 되는 것은 모순입니다. 따라서 일의 자리에서 받아올림이 있어야만 합니다. 그러면 1+N+R=1+(E+1)+R=E+10(10은 백의 자리로 올라간 1을 의미함)이 되고 R은 8이 됩니다.

지금까지의 풀이 과정을 정리해보면 아래와 같습니다.

```
   9 E N D
+  1 0 8 E
 1 0 N E Y
```

⑤ 끝으로 일의 자리를 살펴봅시다. D+E=Y+10(십의 자리로 올림이 발생했으므로), E+1=N입니다. 0, 1, 8, 9는 이미 사용했으므로 남아있는 숫자들은 2, 3, 4, 5, 6, 7입니다. 그러면 D+E를 계산해서 십의 자리로 올림이 발생하는 경우는 5+7, 6+7의 두 가지뿐입니다. 남아있는 문자 중에 E의 개수가 가장 많으므로, E에다가 5, 6, 7을 차례로 넣어서 계산해보면, E가 5일 때 D=7, Y=2, N=6이 되어 식이 성립하게 됩니다. 따라서 주어진 식은 다음의 계산을 의미합니다.

```
   9 5 6 7
+  1 0 8 5
 1 0 6 5 2
```

2 덧셈 복면산 탐구

다음 알파벳은 0~9 사이의 서로 다른 숫자를 나타냅니다. 각 알파벳이 나타내는 숫자를 찾아보세요.(단, D는 3보다 작습니다.)

```
   L E T T E R
+      W O R D
   D I G I T S
```

① 십만의 자리 숫자 L과 만의 자리 숫자 E가 덧셈 후 D와 I로 바뀌었으므로 E가 9이고 I가 0이 됩니다.

② D가 3보다 작다고 했으므로 D= 2, L= 1이 됩니다. 지금까지 찾은 수를 정리해보면 다음과 같습니다.

$$\begin{array}{cccccccc} & 1 & 9 & T & T & 9 & R \\ + & & & W & O & R & 2 \\ \hline & 2 & 0 & G & 0 & T & S \end{array}$$

③ 백의 자리를 살펴봅시다. 십의 자리 숫자가 9+R이므로 백의 자리 숫자는 1+T+O= 10임을 알 수 있습니다. T+O= 9이므로 두 수에 임의의 수를 대입하여 확인해가며 답을 찾을 수 있습니다. T= 4, O= 5라고 가정해 봅시다. 십의 자리 수에 계산 결과를 대입해볼 때, (i)일의 자리에서 받아올림이 있는 경우와 (ii)일의 자리에서 받아올림이 없는 경우를 생각해야 합니다. (i)의 경우를 살펴봅시다. 1+9+R=4+10이기 때문에 R= 4가 되므로 T= 4라는 가정에 모순됩니다. (ii)의 경우를 살펴봅시다. 9+R=4+10이기 때문에 R= 5가 되므로 O= 5라는 가정에 모순됩니다. 위와 같은 예상과 확인을 반복하면 T= 5, O= 4임을 발견할 수 있습니다.

$$\begin{array}{cccccccc} & 1 & 9 & 5 & 5 & 9 & R \\ + & & & W & 4 & R & 2 \\ \hline & 2 & 0 & G & 0 & 5 & S \end{array}$$

④ 십의 자리를 살펴봅시다. (i)일의 자리에서 받아올림이 있는 경우와 (ii)일의 자리에서 받아올림이 없는 경우를 생각해야 합니다. (i)의 경우, R+9=5+10이므로 R= 6이 됩니다. (ii)의 경우, 9+R+1=5+10이므로 R= 5가 되고 T= 5이므로 모순입니다. 따라서 R= 6이고, S= 8이 됩니다.

$$\begin{array}{cccccccc} & 1 & 9 & 5 & 5 & 9 & 6 \\ + & & & W & 4 & 6 & 2 \\ \hline & 2 & 0 & G & 0 & 5 & 8 \end{array}$$

⑤ 끝으로 천의 자리를 살펴봅시다. 1+5+W=G+10(만의 자리로 올림이 발생했으므로), W−G= 4입니다. 0~9까지의 수 중에서 남은 숫자는 3, 7이므로 W=7, G= 3이 됩니다.

	1	9	5	5	9	6
+			7	4	6	2
	2	0	3	0	5	8

3 곱셈 복면산 탐구

곱셈을 이용한 복면산 문제를 해결해 봅시다.

	A	B	C	D
×				4
	D	C	B	A

① A~D는 모두 한 자리 수이고, 'A×4'의 값도 한 자리 수이므로 A는 1 또는 2가 됩니다. 그러나 'D×4'의 값은 짝수이기 때문에 A는 1이 될 수 없습니다. 따라서 A=2입니다.

	2	B	C	D
×				4
	D	C	B	2

② 'D×4'의 일의 자리 숫자가 2이므로, D는 3 또는 8입니다. 하지만 천의 자리를 나타내는 D는 A의 4배이거나 더 커야 하므로 D=8이 됩니다.

	2	B	C	8
×				4
	8	C	B	2

③ D=8이므로 받아올림이 없는 곱셈식이어야 하므로 'B×4'의 값도 한 자리 수이어야 하므로 B=1이고, 백의 자리 숫자를 나타내는 C≥4입니다.

	2	1	C	8
×				4
	8	C	1	2

④ 'C×4+3'의 값의 일의 자리 숫자가 1이므로 C는 7이 됩니다.

```
      2 1 7 8
  ×         4
  -----------
      8 7 1 2
```

4 나눗셈 복면산 탐구

다음 알파벳은 0~9 사이의 서로 다른 숫자를 나타냅니다. 각 알파벳이 나타내는 숫자를 찾아보세요.

```
                    E N D
           ---------------
  D E E D ) K N U C K L E
            K C O W B       … ❶
            -------------
              D K L K L
              E N B B L     … ❷
            -------------
                L L K B E
                K N K K D   … ❸
            -------------
                  L N D N
```

① ❷에서 L−L=B이므로 B=0임을 알 수 있습니다.

② ❸에서 만의 자리 숫자끼리의 뺄셈을 보면, L−K=0이 되었으므로 받아내림이 있었음을 알 수 있고 L=K+1이 됩니다. 또 K−K=N이므로 십의 자리로 받아내림이 있었고 N=9가 됨을 알 수 있습니다.

```
                    E 9 D
           ---------------
  D E E D ) K 9 U C K L E
            K C O W 0       … ❶
            -------------
              D K L K L
              E 9 0 0 L     … ❷
            -------------
                L L K 0 E
                K 9 K K D   … ❸
            -------------
                  L 9 D 9
```

③ ❸에서 일의 자리 숫자끼리의 뺄셈을 보면 E−D=9이므로 십의 자리에서 받아내림이 있었고 D=E+1임을 알 수 있습니다. 십의 자리 숫자끼리의 뺄셈을 보면 일의 자리에 받아내림을 했기 때문에 9−K=D가 됩니다.

④ ❷에서 DEED×9 =E900L이고 D가 E보다 1 큰 수이므로 D에 2~8까지의 수를 E에 0~7까지의 수를 대입해보면 D=6, E=5임을 찾을 수 있습니다.

```
                 5 9 6
         ---------------
6 5 5 6 ) K 9 U C K L 5
          K C O W 0       … ❶
         ---------------
            6 K L K L
            5 9 0 0 L     … ❷
         ---------------
              L L K 0 5
              K 9 K K 6   … ❸
         ---------------
                L 9 6 9
```

⑤ ❶에서 6556×5 =KC0W0= 32780이므로 K=3, C=2, O=7, W=8이 됩니다. 이 수를 대입해보면 U=1, L=4가 됩니다.

```
                 5 9 6
         ---------------
6 5 5 6 ) 3 9 1 2 3 4 5
          3 2 7 8 0
         ---------------
            6 3 4 3 4
            5 9 0 0 4
         ---------------
              4 4 3 0 5
              3 9 3 3 6
         ---------------
                4 9 6 9
```

Challenge

❶ 다음 알파벳은 1~9 사이의 서로 다른 숫자를 나타낸 것입니다. 각 알파벳이 나타내는 숫자를 찾아보시오.

①
$$\begin{array}{rcccc} & A & B & C & D \\ \times & & & & 9 \\ \hline & D & C & B & A \end{array}$$

②
$$\begin{array}{rccccc} & A & B & C & D & E \\ \times & & & & & 4 \\ \hline & E & D & C & B & A \end{array}$$

③
$$\begin{array}{rccccc} & & J & E & J & U \\ + & & L & U & C & K \\ \hline & S & E & O & U & L \end{array}$$

④
$$\begin{array}{rcccccc} & & S & E & V & E & N \\ & & T & H & R & E & E \\ + & & & & T & W & O \\ \hline & T & W & E & L & V & E \end{array}$$

❷ 다음 충식산을 해결해 보시오. 단, □는 서로 다른 수를 나타냅니다.

①
$$\begin{array}{rcc} & \square & 3 \\ + & 3 & \square \\ \hline & 7 & 2 \end{array}$$

②
$$\begin{array}{rcc} & 8 & \square \\ - & \square & 4 \\ \hline & 5 & 1 \end{array}$$

③
$$\begin{array}{rcc} & 6 & \square \\ \times & & 3 \\ \hline \square & \square & 7 \end{array}$$

④
$$\begin{array}{r} 3\,2\,5 \\ 3\overline{)\square\square\square} \end{array}$$

| 참고문헌 |

http://science.dongascience.com/supplementviews/article-view?acIdx=8121&acCode=18&page=1

답안지

❶

① $\begin{array}{r} 1\,0\,8\,9 \\ \times \quad\quad 9 \\ \hline 9\,8\,0\,1 \end{array}$

② $\begin{array}{r} 2\,1\,9\,7\,8 \\ \times \quad\quad\quad 4 \\ \hline 8\,7\,9\,1\,2 \end{array}$

③ $\begin{array}{r} 8\,3\,8\,9 \\ +\ \ 4\,9\,0\,5 \\ \hline 1\,3\,2\,9\,4 \end{array}$

④ $\begin{array}{r} 8\,2\,5\,2\,4 \\ 1\,9\,7\,2\,2 \\ +\quad\ 1\,0\,6 \\ \hline 1\,0\,2\,3\,5\,2 \end{array}$

❷

① $\begin{array}{r} 3\,3 \\ +\ 3\,9 \\ \hline 7\,2 \end{array}$

② $\begin{array}{r} 8\,5 \\ -\ 3\,4 \\ \hline 5\,1 \end{array}$

③ $\begin{array}{r} 6\,9 \\ \times \quad 3 \\ \hline 2\,0\,7 \end{array}$

④ $\begin{array}{r} 3\,2\,5 \\ 3\overline{)\,9\,7\,5} \end{array}$

분수와 소수의 관계

분수와 소수는 언제부터 사용했을까?

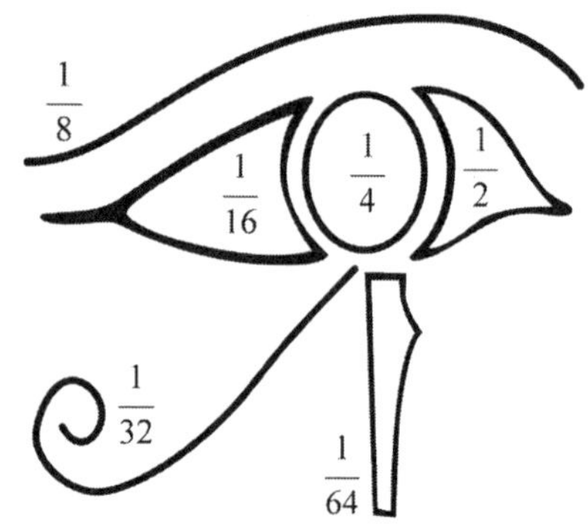

우리가 초등학교 수학에서 사용하는 수는 1, 2, 3, 4, …로 나타내는 자연수와 0.1, 0.2, 0.3, …으로 나타내는 소수, $\frac{1}{2}$, $\frac{1}{3}$, $\frac{1}{4}$, …로 나타내는 분수입니다. 고대부터 우리가 사용하는 자연수와 표기법은 달랐지만 수를 세기 위해 자연수의 형태는 만들어 사용하고 있었습니다. 현재 우리가 사용하는 자연수는 고대 인도인들이 발명한 수로 아라비아 사람들이 다른 나라에까지 알리면서 오늘날에 이르러 모든 나라에서 사용하게 되었습니다. 분수 역시 고대 이집트인들이 물건을 똑같이 나누기 위해서 사용하기 시작했습니다. 이집트인들은 분자가 1인 단위분수만을 사용했는데, 이는 이집트 신화에서 나오는 신인 호루스의 눈을 분할한 데서 시작되었다고 합니다. 지금은 진분수, 가분수, 대분수의 형태로 좀 더 다양해졌지만 한 개를 똑같이 나누어 먹기 위해, 똑같은 양으로 나누기 위해 분수가 사용되는 목적은 같습니다.

그러면 소수는 언제부터 사용하게 되었을까요? 소수가 사용된 것은 분수를 사용하기 시작한 지 약 3000년 후입니다. 소수를 발명한 사람은 수학자 스테빈(Simon Stevin, 1548~1620)으로 1585년 소수에 관한 내용을 소개함으로써 소수가 세상에 알려지고 사용되기 시작했습니다.

그러면 소수는 왜 이렇게 늦게 사용하게 되었을까요? 분수와 소수의 관계를 살펴보면서 알아봅시다.

스테빈이 만들어낸 최초의 소수

스테빈은 400여 년 전 벨기에가 스페인으로부터 독립 전쟁을 일으켰을 때 독립군의 회계 책임의 역할을 맡고 있었습니다. 독립군의 경리부는 기부나 빚을 얻어 식량비나 병사의 급료를 지급했습니다. 그중에서도 이자 계산이 특히 어려운 일이었습니다. 왜냐하면 그 당시의 이자는 $\frac{1}{11}$이나 $\frac{1}{12}$과 같이 계산하기 무척 복잡했기 때문입니다. 쉽게 계산할 수 있는 방법을 궁리하던 스테빈은 분모가 10, 100, 1000과 같이 10의 배수일 때에는 계산하기 편하다는 것을 알아채고 분모를 10, 100, 1000 등으로 나타내는 방법을 궁리하였습니다. 그래서 $\frac{1}{11} \fallingdotseq \frac{91}{1000}$이므로 $\frac{9}{100}$로 나타내는 등 계산하기 편리한 비슷한 수로 나타내는 방법을 제안하였습니다. 스테빈이 빌린 돈이 13,986,000원이라 할 때, 이자를 $\frac{1}{11}$과 $\frac{9}{100}$로 계산하여 봅시다.

$$13{,}986{,}000\text{원} \times \frac{1}{11} = 1{,}271{,}455\text{원(소수 첫째 자리에서 반올림)}$$

$$13{,}986{,}000\text{원} \times \frac{9}{100} = 1{,}258{,}740\text{원}$$

약 12,715원의 차이가 생기긴 하지만 계산상에 걸리는 시간이나 불편함을 생각한다면 이는 아주 획기적인 방법일 것입니다. $\frac{9}{100}$ 대신에 $\frac{91}{1000}$로 나타내어 계산하는 등의 방법을 사용하면 오차 또한 더 줄여나갈 수 있습니다.

그러나 $\frac{931}{1000}$이나 $\frac{3874}{10000}$와 같이 분수로 나타내었을 때는 어느 쪽이 더 큰 수인지 쉽게 알 수가 없었습니다. 그래서 스테빈은 알아보기 쉬운 방법을 고안하였습니다.

$\frac{931}{1000}$는 분모에 '0'이 3개 있으므로

①②③

9 3 1

$\frac{3874}{10000}$는 분모에 '0'이 4개 있으므로

①②③④

3 8 7 4

이 방법을 이용하면 ①의 자리에 있는 수가 큰 수라는 것을 쉽게 알 수 있습니다. 이는 오늘날 소수의 표기법과 크게 다르지 않습니다.

①②③

9 3 1 = 0.931

①②③④

3 8 7 4 = 0.3874

소수와 분수의 관계 탐구

1 소수를 분수로 나타내기

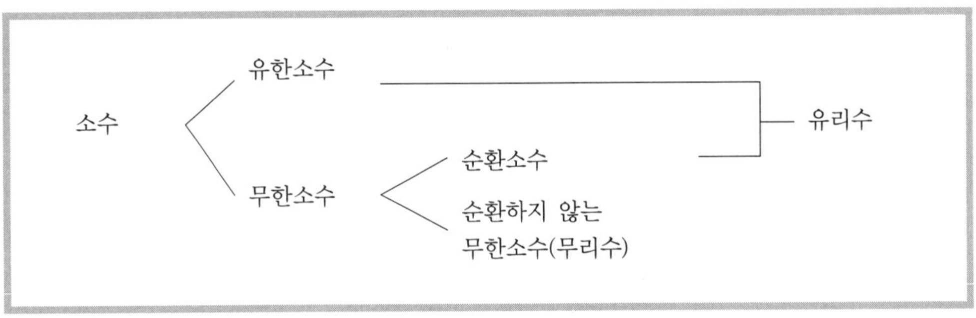

소수는 크게 유한소수와 무한소수로 나눌 수 있습니다. 유한소수(finite decimal)란 소수점 이하에 0 이외의 수가 유한개 있는 수를 말합니다. 우리가 흔히 소수라고 부르는 0.2, 1.52 등과 같은 소수의 형태가 유한소수입니다. 유한소수를 분수로 고치는 것은 어려운 일이 아닙니다. 소수가 십진기수법 체계를 따르고 있으므로 소수는 분모가 10, 100, 1000인 분수로 바꾸어 나타낼 수 있습니다.

$$0.4 = \frac{4}{10},\ 0.19 = \frac{19}{100},\ 0.735 = \frac{735}{1000}$$

무한소수(infinite decimal)란 소수점 이하에 0 이외의 수가 무한개 있는 수를 말

합니다. 무한소수는 순환소수와 순환하지 않는 무한소수(무리수)로 나눌 수 있습니다. 순환소수(repeating decimal)란 소수점 아래의 어떤 자리부터 같은 수 또는 몇 개의 수들이 계속 반복되는 무한소수를 말합니다. 즉 0.222222…, 0.9545454…와 같은 수들이 순환소수이고 0.222222…에서 순환마디는 2, 0.9545454…에서 순환마디는 54가 됩니다. 이제 순환소수를 분수로 나타내는 방법을 알아봅시다.

• **순환소수 $0.\dot{6}$을 분수로 나타내기**

$$x = 0.\dot{6}$$

$$x = 0.666666\cdots \rightarrow (1)$$

$$10x = 6.666666\cdots \rightarrow (2)$$

(2)에서 (1)을 변끼리 빼면

$$\begin{array}{rl} 10x = & 6.666666\cdots \\ -)\ \ x = & 0.666666\cdots \\ \hline 9x = & 6 \end{array}$$

$$x = \frac{6}{9}$$

• **순환소수 $0.\dot{2}\dot{5}$를 분수로 나타내기**

$$x = 0.\dot{2}\dot{5}$$

$$x = 0.252525\cdots \rightarrow (1)$$

$$100x = 25.252525\cdots \rightarrow (2)$$

(2)에서 (1)을 변끼리 빼면

$$\begin{array}{rl} 100x = & 25.252525\cdots \\ -)\ \ x = & 0.252525\cdots \\ \hline 99x = & 25 \end{array}$$

$$x = \frac{25}{99}$$

순환하지 않는 무한소수는 분수로 나타낼 수 없습니다.

2 분수를 소수로 나타내기

분수란 정수 a, b에 대하여 $b \neq 0$일 때, $\frac{a}{b}=a \div b$라고 정의합니다. 분수를 소수로 고치는 방법을 살펴봅시다. 분모가 10, 100, 1000과 같이 10의 제곱수인 분수를 소수로 바꾸어 나타내기 쉽습니다. 분모가 10의 제곱수가 아닌 경우에 분수를 소수로 바꾸는 일반적인 방법은 분모를 10, 100, 1000과 같이 10의 제곱수로 바꾸어 소수로 고치거나 (분자)÷(분모)를 이용하여 고치는 것입니다. 분수를 소수로 고칠 때에는 다음과 같은 두 가지 경우가 나타날 수 있습니다. 분자가 분모로 나누어떨어지는 경우와 분자가 분모로 나누어떨어지지 않는 경우입니다.

- 분자가 분모로 나누어떨어지는 경우

$$\frac{7}{25}=7\times\frac{4}{25\times4}=\frac{28}{100}=0.28$$

$$\frac{3}{16}=3\div16=0.1875$$

- 분자가 분모로 나누어떨어지지 않는 경우

$$\frac{2}{3}=2\div3=0.66666666\cdots=0.\dot{6}$$

$$\frac{3}{7}=3\div7=0.428571428571\cdots=0.\dot{4}2857\dot{1}$$

$$\frac{5}{11}=0.4545454545\cdots=0.\dot{4}\dot{5}$$

분자가 분모로 나누어떨어지는 소수를 유한소수라 합니다. 소수점 아래의 0이 아닌 숫자가 무한히 많은 소수를 무한소수라 합니다. 분자가 분모로 나누어떨어지지 않는 경우 소수를 살펴보면 같은 수가 반복되는 것을 찾아볼 수 있습니다. $\frac{2}{3}$의 경우 6이 반복되고 있고, $\frac{3}{7}$은 428571이 반복되고 있으며, $\frac{5}{11}$은 45가 반복되고 있습니다. 저마다 반복되는 숫자가 다르고 그 개수도 달라서 관찰하기 어려운 경우도 있지만 반드시 반복이 나타납니다. 왜 그런지 살펴볼까요?

분모가 3인 경우를 살펴봅시다. 3으로 나누어떨어지지 않을 때 나머지는 1과 2가 나올 수 있습니다.

$$
\begin{array}{r}
0.333\cdots \\
3\,\overline{)\,1.000\cdots} \\
\underline{9} \\
10 \\
\underline{9} \\
1 \\
\vdots
\end{array}
$$

1을 3으로 나누었을 때 나머지는 1이 반복되어 나타납니다. 따라서 $\frac{1}{3}$은 3이 순환하여 나타나는 순환소수입니다. 좀 더 여러 숫자의 배열이 순환하는 순환소수를 살펴봅시다. 분모가 7인 경우를 살펴봅시다. 7로 나누어떨어지지 않을 때 나머지는 1, 2, 3, 4, 5, 6이 나올 수 있습니다. 그 중의 한 예로 $\frac{2}{7}$를 소수로 바꾸는 상황을 살펴봅시다.

$$
\begin{array}{l}
0.285714\ \cdots \\
7\,\overline{)\,2.000\cdots} \\
\underline{14} \\
60 \\
\underline{56} \\
40 \\
\underline{35} \\
50 \\
\underline{49} \\
10 \\
\underline{7} \\
30 \\
\underline{28} \\
2 \\
\vdots
\end{array}
$$

2를 7로 나누었을 때, 나머지는 처음부터 보면 2, 6, 4, 5, 1, 3이 반복되어 나타납니다. 그 다음 다시 2가 나오기 때문에 앞에서 했던 것과 같은 수가 반복되어 나타납니다. 따라서 $\frac{2}{7}$는 285714가 순환하는 순환소수인 것입니다. 이처럼 순환하는 숫자 배열이 길어질 경우에는 알아보기 힘들 수도 있습니다. 하지만 배열하는 숫자의 개수는 (분모의 수)$-$1개를 넘어가지는 않습니다. 나올 수 있는 나머지 경우의 수가 (분모의 수)$-$1개이므로 순환소수에서 순환하는 숫자의 배열도 이와 같습니다.

3 분수와 소수 적절하게 사용하기

두 수의 크기를 비교할 때에는 분수와 소수 중 어느 수가 더 편리할까요?

[분수] $\frac{8}{15} \bigcirc \frac{13}{23}$ $\frac{4}{11} \bigcirc \frac{43}{122}$

[소수] $2.5678 \bigcirc 2.9203$ $0.7046 \bigcirc 0.8814$

두 수의 크기를 비교하기 쉬운 것은 소수입니다. 분수는 분모가 같은 경우에는 크기 비교하기가 쉽지만 위와 같이 분모가 다를 때에는 통분을 해야 하므로 크기 비교를 하기 어렵습니다. 반면에 소수의 경우는 자릿수를 맞추어 앞자리수부터 비교하면 되므로 분수보다 소수가 비교하기 쉽습니다.

사칙연산 시에는 분수와 소수 중 어느 수가 더 편리할까요? 덧셈과 뺄셈의 경우부터 살펴봅시다.

[분수] $\frac{4}{5}+\frac{15}{16}$ $\frac{14}{27}-\frac{13}{36}$

[소수] $6.95+3.183$ $14.3-7.52$

덧셈과 뺄셈 계산이 편리한 것은 소수입니다. 물론 분모가 같은 경우라면 분수도 덧셈과 뺄셈을 계산하기 쉽지만, 위의 예와 같이 분모가 다른 경우라면 통분을 해야 합니다. 소수의 경우는 소수점의 위치를 맞추어야 하지만 우리가 계산하는 자연수의 덧셈, 뺄셈 방법과 차이가 없으므로 소수가 더 편리합니다. 곱셈과 나눗셈의 경우를 살펴봅시다.

[분수] $\frac{7}{9}\times\frac{11}{14}$ $\frac{5}{24}\div\frac{25}{72}$

[소수] 4.7×2.95 $7.81\div3.14$

곱셈과 나눗셈 계산이 편리한 것은 분수입니다. 분수의 곱셈과 나눗셈은 약분이 가능하기 때문에 계산이 좀 더 간단할 수 있습니다. 소수의 곱셈과 나눗셈은 소수점만 맞춘다면 자연수의 계산과 방법이 같으므로 쉽다고 볼 수 있지만 자릿수가 길어질 경우 계산이 복잡해지고, 나눗셈의 경우 나누어떨어지지 않는 경우가 생기기 때문에 분수가 좀 더 편리하다고 볼 수 있습니다.

Challenge

❶ 순환소수 $0.1\dot{8}\dot{3}$을 분수로 나타내시오.

❷ 순환소수 $2.\dot{1}2\dot{3}$을 분수로 나타내시오.

| 참고문헌 |

남호영·박제남·장영호(2006). 영재교육을 위한 창의력수학Ⅰ. 경문사.

답안지

❶ 순환소수 $0.1\dot{8}\dot{3}$을 분수로 나타내기

$$x = 0.1\dot{8}\dot{3}$$
$$x = 0.1838383\cdots$$
$$10x = 1.838383\cdots \rightarrow (1)$$
$$100x = 18.383838\cdots$$
$$1000x = 183.838383\cdots \rightarrow (2)$$

(2)에서 (1)을 변끼리 빼면

$$\begin{array}{rcl} 1000x &=& 183.838383\cdots \\ -)\quad 10x &=& 1.838383\cdots \\ \hline 990x &=& 182 \end{array}$$

$$x = \frac{182}{990} = \frac{91}{495}$$

❷ 순환소수 $2.\dot{1}2\dot{3}$을 분수로 나타내기

$$x = 2.\dot{1}2\dot{3}$$
$$x = 2.123123\cdots \rightarrow (1)$$
$$1000x = 2123.123123\cdots \rightarrow (2)$$

(2)에서 (1)을 변끼리 빼면

$$\begin{array}{rcl} 1000x &=& 2123.123123\cdots \\ -)\quad x &=& 2.123123\cdots \\ \hline 999x &=& 2121 \end{array}$$

$$x = \frac{2121}{999} = \frac{707}{333} \text{ 또는 } x = 2\frac{41}{333}$$

사칙연산을 이용한 게임

사칙연산이란?

사칙연산이란 수학에서 기본이 되는 덧셈, 뺄셈, 곱셈, 나눗셈을 포함하는 말입니다. 간단한 연산 문제를 풀어 봅시다. 이 문제의 답은 무엇일까요?

$$5 - 18 \div 6$$

이 문제를 보고 고개를 갸우뚱했다면 사칙연산의 순서를 잠시 잊었기 때문입니다. 사칙연산이 섞여있는 문제에서는 연산의 순서가 정해져 있습니다.

① 계산은 왼쪽에서 오른쪽으로 순서대로 합니다.
② 괄호가 있으면 괄호 안을 먼저 계산합니다.
③ 사칙연산이 섞여있다면 곱셈과 나눗셈을 먼저 계산합니다. 곱셈과 나눗셈이 섞여있다면 왼쪽에서부터 차례대로 계산합니다.
④ 덧셈과 뺄셈을 계산합니다. 덧셈과 뺄셈만 있는 식이라면 왼쪽에서부터 차례대로 계산합니다.

위의 연산 순서에 따라 문제를 해결해보면, 먼저 뺄셈과 나눗셈이 섞여 있으므로 나눗셈을 먼저 계산합니다. $18 \div 6 = 3$이고, 이제 뺄셈을 계산하면 $5 - 3 = 2$이므로 답은 2가 됩니다. 곱셈이나 나눗셈을 덧셈이나 뺄셈보다 먼저 계산하는 이유는 무엇일까요? 이에 대해서는 정확한 이유가 없습니다. 오랜 시간 동안 사용하면서 정해진 규칙이 그렇기 때문이라고 추측할 뿐입니다.

연산기호의 유래

더하기 '+'와 빼기 '−' 기호는 독일의 수학자 비드만(Johannes Widman, 1462~1498)이 1489년 그의 책에서 사용했는데, 이때는 연산을 나타내는 기호가 아니라

과잉과 부족을 뜻하는 것이었다고 합니다. 더하기 '+' 기호는 13세기 이탈리아의 수학자 레오나르도 피사노가 '7 더하기 8'을 '7 et(과) 8'이라고 쓴 것에서 유래하는데, et를 줄여 '+' 기호가 만들어졌다고 합니다. 빼기 '−'는 비드만이 모자란다는 뜻의 라틴어 minus의 약자 '-m'에서 '−'만 따서 쓰면서 만들어졌다고 합니다.

곱하기 '×'는 영국의 수학자 윌리엄 오트레드(William Oughtred, 1574~1660)가 1631년 「수학의 열쇠(Clavis Mathematicae)」에서 처음으로 사용했는데, 성 안드레 십자가(St. Andrew's Cross) 모양을 본뜬 것으로 알려져 있으나 정확한 유래는 알 수 없습니다.

나누기 '÷'는 1659년 스위스의 수학자 란(Johann Heinrich Rahn, 1622~1676)이 쓴 대수학 책에서 처음 사용되었는데, 이 모양은 분수의 분자와 분모를 점으로 나타내어 만들어진 모양일 것이라 추측하고 있습니다.

사칙연산을 이용한 다양한 게임 탐구

1 매지믹서(Magimixer)

매지믹서는 오른쪽 그림과 같이 흰 주사위 5개와 검은 주사위 2개로 이루어져 있습니다. 그중 가운데 있는 검은 주사위는 10, 20, 30, 40, 50, 60으로 이루어져 있고, 다른 6개의 주사위는 1, 2, 3, 4, 5, 6의 숫자가 적혀있습니다. 매지믹서의 놀이 방법을 알아봅시다.

(1) 매지믹서를 손바닥으로 돌려 주사위를 섞어 내려놓습니다.
(2) 2개의 검정주사위에 나온 수를 더합니다.
(3) 이 숫자와 같아지도록 흰 주사위에 나타난 5개의 숫자를 순서에 상관없이, 빠짐없이 한 번씩만 사용하여 더하기, 빼기, 곱하기, 나누기만으로 계산합니다. 이때 괄호는 몇 번이고 사용해도 됩니다.
(4) 올바른 풀이를 가장 먼저 구한 사람이 승자가 됩니다. 정답이 나오지 않을 경우에는 정답에 가장 가까운 수를 맞춘 사람이 승자가 됩니다.

풀이방법을 살펴보도록 합시다. 먼저 검은 주사위에 나타난 두 수를 더한 값은 23입니다. 이제 흰 주사위에 나타난 5개의 수 1, 3, 3, 4, 5를 사칙연산과 괄호를 사용하여 23을 만들면 됩니다. 풀이방법은 매우 다양하지만, 좀 더 쉽게 해결하기 위해서는 2개 또는 3개 정도의 숫자를 이용하여 23과 가까운 수를 만드는 것이 좋습니다. 3, 4, 5를 이용해 $3\times(4+5)=27$을 만든 후, 남은 숫자인 1, 3으로 $1+3=4$를 만들어 빼면 23이 나옵니다.

다음 매지믹서 문제를 풀어봅시다.

①

②

①을 먼저 해결해 봅시다. 검은 두 주사위의 합은 46입니다. 이제 2, 2, 2, 3, 6을 한 번씩만 이용해 46을 만들면 됩니다.

$$(2\times3+2)\times6=48,\quad 48-2=46$$

②를 해결해 봅시다. 검은 두 주사위의 합은 35입니다. 이제 2, 5, 5, 5, 6을 한 번씩만 이용해 35를 만들면 됩니다.

$$2\times5\times6=60,\quad 60-(5\times5)=35$$

2 머긴스 게임

머긴스(MUGGINS) 게임은 2~4명이 함께 할 수 있는 게임으로 어린이에서 어른

에 이르기까지 즐기는 게임으로 알려져 있습니다. 위의 사진과 같은 정사각판에 1~36까지의 수가 부여된 홈이 있고 홈에 구슬을 놓아가며 게임을 하게 됩니다. 게임 방법은 다음과 같습니다.

(1) 각 참가자는 순서에 따라 3개의 주사위를 동시에 굴립니다.
(2) 주사위에 나타난 3개의 숫자를 사칙연산과 괄호를 사용하여 1부터 36까지의 수 중 한 가지만 정하여 만듭니다. 이때 시간제한을 둘 수 있고 시간이 지나면 다음 사람으로 차례가 넘어가게 됩니다.
(3) 만든 수에 해당되는 칸에 자신의 구슬(또는 칩)을 놓습니다. 만약 상대방이 계산을 잘못하여 놓은 경우는 이를 발견한 사람이 상대방의 구슬을 빼내고 자신의 구슬을 놓을 수 있습니다.
(4) 구슬(또는 칩) 1개당 1점의 기본점수가 주어지며, 구슬(또는 칩)이 연속될 경우 보너스 점수가 아래와 같이 주어집니다.

연속된 구슬의 개수	보너스 점수	비고
2개	2점	1부터 36까지를 하나의 원으로 보고, 각 코너 부분도 연속된 것으로 봅니다.
3개	5점	
4개	7점	
5개 이상	10점	

(5) 36칸이 모두 채워지거나 한 사람이라도 구슬을 다 사용하면 게임은 종료되고, 기본점수와 보너스점수를 계산하여 점수가 높은 사람이 이기는 게임입니다.

머긴스 게임의 규칙을 살펴보면, 주사위에 나타난 숫자로 원하는 수를 만들 때 시간제한을 두었더라도 전체 게임이 종료될 때까지 많은 시간이 걸립니다. 따라서 연속된 구슬 3개(또는 4개)를 먼저 만드는 사람이 이기는 것으로 규칙을 정하거나, 주사위를 던지는 횟수를 제한하여 시간을 단축하기도 하는 등 다양하게 게임 규칙을 변형할 수도 있습니다.

친구와 함께 머긴스 게임을 해 봅시다.

3 숫자볼링

숫자볼링은 주사위 3개(또는 4개)를 던져 나온 숫자를 사칙연산과 괄호를 사용하여 1~10까지의 수를 만드는 게임입니다. 그러면 그 수에 해당하는 수에 대한 볼링 핀을 쓰러트리는 것으로 간주하여 점수를 얻게 됩니다. 스포츠 볼링의 규칙과 점수 계산법이 적용되므로 숫자볼링이라고 불립니다.

볼링에서 공을 한 번 또는 두 번 던져서 10개의 핀을 쓰러뜨리는 것처럼 주사위를 던져 나온 숫자를 사용해서 한 번 만에 1~10까지의 수를 모두 만들어내면 '스트라이크(×)', 두 번 만에 만들면 '스페어(/)'라는 용어를 사용하며, 보너스 점수를 획득하게 되는 것입니다. 한 프레임에 주사위를 2번까지 던질 수 있습니다.

게임 순서에 따라 게임 방법을 익혀 봅시다.

(1) 주사위 3개를 던집니다.
(2) 나온 눈을 점수 기록지(주사위 숫자란)에 씁니다.
(3) 이 수를 가지고 사칙연산(+, −, ×, ÷)과 괄호를 사용하여 1부터 10까지의 수를 만듭니다.
(4) 처음에 맞춘 수들의 개수를 1차 칸에 적습니다. 처음에 1부터 10까지의 수를 모두 다 맞추면 스트라이크입니다.
(5) 다 맞추지 못한 사람은 다시 주사위 3개를 던집니다. 나온 눈을 2차 시기 주사위 숫자란에 씁니다. 조금 전에 맞추지 못한 수를 만듭니다. 이렇게 하여 다 맞추면 스페어 처리를 한 것으로 간주하여 점수 기록지에 점수를 씁니다.
(6) 한 번에 10가지의 수를 모두 맞춘 스트라이크는 그 다음에 계산한 두 번의 점수를 더한 점수를 보너스 점수로 하여 더한 값이 그 프레임(회전)의 점수입니다. 스페어 처리를 하면 그 다음에 계산한 한 번의 점수를 보너스 점수로 하여 더한 값이 그 프레임의 점수입니다.
(7) 이렇게 4프레임에서 10프레임 정도를 시행하여 점수가 많은 쪽이 이기는 게임입니다.

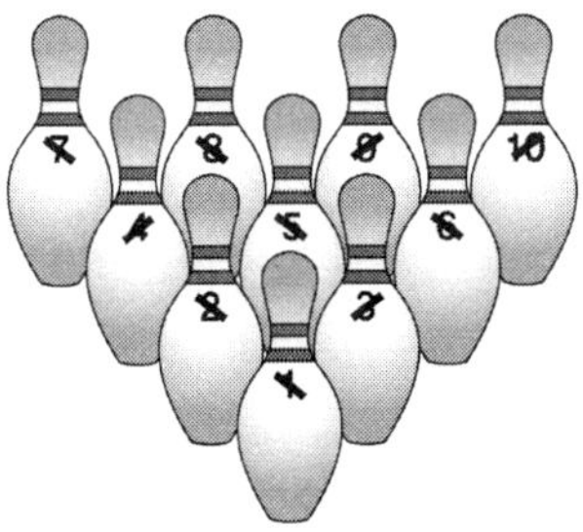

1차 시기 (＼)	2차 시기(／)
주사위 숫자 : 3, 4, 6	주사위 숫자 : 3, 3, 4
1 = 3 + 4 − 6 2 = 3 × 4 ÷ 6 5 = 6 + 3 − 4 6 = 6 × (4 − 3) 7 = 6 + 4 − 3 8 = 6 ÷ 3 × 4	3 = 4 − (3 ÷ 3) 4 = 4 × (3 ÷ 3) 9 = 4 × 3 − 3 10 = 4 + 3 + 3
6점	4점
합계 : 6 + 4 + 보너스점수	

프레임		1	2	3	4	5
1차	2차	6 4	10	3 5	5 5	10 10 6
①기본점수		10	10	8	10	26
②보너스점수		10	8	0	10	없음
합계(①+②)		20	18	8	20	26
누적점수		20	38	46	66	92

이제 숫자볼링 게임을 1프레임만 해 봅시다.

1차 시기		2차 시기	
주사위 숫자 : 1, 3, 6		주사위 숫자 : 1, 2, 5	
1		1	
2		2	
3		3	
4		4	
5		5	
6		6	
7		7	
8		8	
9		9	
10		10	
점		점	
합계 : + + 보너스점수			

한 프레임에서 똑같은 점수를 얻었다 할지라도 이전 프레임과 다음 프레임의 점수에 따라 합계 점수에서는 차이가 생길 수 있습니다. 두 선수가 3프레임에서 같은 점수를 얻었다고 할 때, 합계 점수를 살펴봅시다.

- 'A선수'의 점수

프레임		1	2	3	4	5
1차	2차			8	7 1	8 1
①기본점수		10	10	10	8	9
②보너스점수		18	10	7	0	없음
합계(①+②)		28	20	17	8	9
누적점수		28	48	65	73	82

① 1프레임: 스트라이크 ▶ 기본점수 10점+보너스 점수(2프레임에서 얻은 10점과 3프레임 1차에서 얻은 8점)=28점

② 2프레임: 스트라이크 ▶ 기본점수 10점+보너스 점수(3프레임 1차에서 얻은 8점과 3프레임 2차에서 얻은 2점)= 20점

③ 3프레임: 스페어 ▶ 기본점수 10점+보너스 점수(4프레임 1차에서 얻은 7점)= 17점

④ 4프레임: 기본점수 8점 + 보너스 점수 없음 = 8점

⑤ 5프레임(마지막 프레임은 보너스 점수 없이 2번의 기회가 주어지고 스트라이크가 있으면 한 번 더 기회가 주어진다) : 기본점수 9점= 9점

• 'B선수'의 점수

프레임	1	2	3	4	5
1차 / 2차	7 / 2	X	8 / /	7 / /	X / 3 / /
①기본점수	9	10	10	10	20
②보너스점수	0	10	7	10	없음
합계(①+②)	9	20	17	20	20
누적점수	9	29	46	66	86

① 1프레임: 기본점수 9점= 9점

② 2프레임: 스트라이크 ▶ 기본점수 10점 + 보너스 점수(3프레임 1차에서 얻은 8점과 3프레임 2차에서 얻은 2점)= 20점

③ 3프레임: 스페어 ▶ 기본점수 10점+ 보너스 점수(4프레임 1차에서 얻은 7점) = 17점

④ 4프레임: 스페어 ▶ 기본점수 10점+ 보너스 점수(5프레임 1차에서 얻은 10점)= 20점

② 5프레임(마지막 프레임은 보너스 점수 없이 2번의 기회가 주어지고 스트라이크가 있으면 한 번 더 기회가 주어진다): 기본점수 10점+ 3점+ 7점= 20점

Challenge

❶ 다음 매지믹서를 풀어보시오.

❷ 1, 2프레임의 결과가 다음과 같을 때, 3, 4프레임 숫자 볼링을 하고 점수판을 완성해 봅시다.

프레임		1		2		3		4		
1차	2차			8	1					
①기본점수										
②보너스점수								없음		
합계(①+②)										
누적점수										

제3프레임	
나온 주사위	1차 : 2차 :
1	
2	
3	
4	
5	
6	
7	
8	
9	
10	

제4프레임	
나온 주사위	1차 : 2차 :
1	
2	
3	
4	
5	
6	
7	
8	
9	
10	

| 참고문헌 |

송교식(2011). 숫자볼링게임. 수학사랑 14호.

답안지

❶ 검은 주사위 2개의 합은 12입니다. 이제 1, 3, 4, 5, 6을 이용해서 12를 만들면 됩니다.

$$(3-1)\times(5-4)\times6=12$$
$$3\times5-(6-4+1)=12$$

이 외에도 다양한 답이 나올 수 있습니다.

❷ 3, 4프레임의 결과에 따라 점수는 다르게 나올 수 있습니다.

<table>
<tr><td colspan="2">프레임</td><td>1</td><td colspan="2">2</td><td colspan="2">3</td><td colspan="3">4</td></tr>
<tr><td>1차</td><td>2차</td><td></td><td>8</td><td>1</td><td></td><td></td><td></td><td></td><td></td></tr>
<tr><td colspan="2">①기본점수</td><td>10</td><td colspan="2">9</td><td colspan="2"></td><td colspan="3"></td></tr>
<tr><td colspan="2">②보너스점수</td><td>9</td><td colspan="2">0</td><td colspan="2"></td><td colspan="3">없음</td></tr>
<tr><td colspan="2">합계(①+②)</td><td>19</td><td colspan="2">9</td><td colspan="2"></td><td colspan="3"></td></tr>
<tr><td colspan="2">누적점수</td><td>19</td><td colspan="2">28</td><td colspan="2"></td><td colspan="3"></td></tr>
</table>

성냥개비 연산

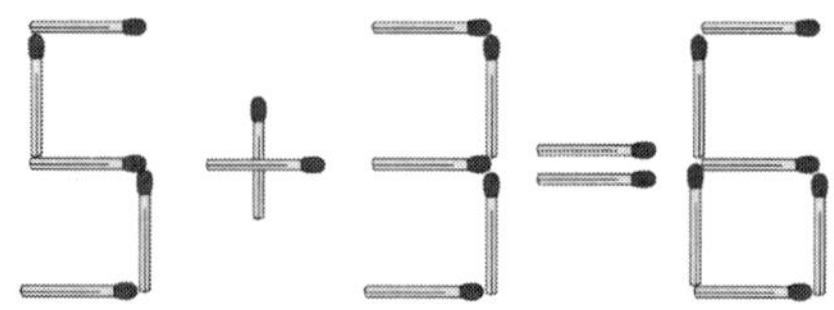

성냥개비 연산이란?

성냥개비 연산은 위 그림처럼 성냥개비를 사용하여 만든 식에서 1개 이상의 성냥개비를 옮기거나 더하거나 뺌으로써 올바른 식이 되도록 만드는 것을 말합니다. 이는 성냥개비 퍼즐의 한 종류인데, 성냥개비 퍼즐은 간단한 사칙연산식에서부터 주어진 도형 또는 창의적인 모양 만들기, 도형의 둘레와 넓이, 개수를 활용한 퍼즐 등 종류가 다양합니다. 성냥개비만 있으면 시간과 공간의 제약을 받지 않고 다양한 문제를 즐길 수 있다는 장점이 있습니다. 최근에는 플래시 게임이나 스마트폰 앱으로 개발되어 더 쉽고 간단히 접할 수 있습니다.

성냥개비 퍼즐의 유래에 대해서는 자세한 자료를 찾아보기가 힘든데 그것은 세계 각지에서 자연스럽게 문제들이 만들어지고 풀어졌기 때문에 누가 처음으로 성냥개비를 가지고 어려운 문제를 만들기 시작했다고 주장할 수 없기 때문일 것입니다. 다만 1900년대 초반 서양에서 판매되던 성냥갑에 간단한 퍼즐 문제들이 인쇄되어 있었던 것을 보면 아마도 그 당시에 성냥개비를 이용해 퍼즐 문제들을 풀어 보는 것이 상당히 유행했었다는 것을 알 수 있습니다.

대부분의 성냥개비 퍼즐은 주어진 공간을 제시되는 조건에 따라 재구성해가는 형식으로 문제의 해답을 구하는 과정에서 다양한 도형에 대한 기초적인 지식을 쌓고 공간의 분할과 통합의 원리를 통해 공간에 대한 인식과 구성능력의 개발을 꾀할 수 있습니다. 또한 답을 구하는 과정에서 다양한 가능성에 대해 논리적으로 추리하고 연산하게 되는데 그 경험이 창의적인 문제해결능력의 기초가 되는 자율적이고 활동적인 수학적 사고력을 발전시켜줄 것입니다.

성냥개비 연산의 기초

성냥개비를 사용하여 한 자리 수를 만들어 봅시다.

만들 수 있는 수	0	1	2	3	4	5	6	7	8	9
성냥개비 개수	6개	2개	5개	5개	4개	5개	6개	3개	7개	6개

성냥개비로 만든 0부터 9까지의 수를 성냥개비 개수에 따라 분류하면 다음과 같습니다.

성냥개비 개수	2개	3개	4개	5개			6개			7개
만들 수 있는 수	1	7	4	2	3	5	0	6	9	8

이와 같은 방법으로 주어진 성냥개비를 모두 사용하여 만들 수 있는 수를 모두 구하거나, 가장 큰 수 또는 가장 작은 수를 구하는 활동을 할 수도 있습니다.

〈문제〉 성냥개비 7개를 모두 사용하여 만들 수 있는 수를 모두 구하시오.

한 자리 수 중에서 만들 수 있는 수는 8입니다.

두 자리 수 중에는 십의 자리 수와 일의 자리의 수를 만들 때 사용할 성냥개비의 개수가 각각 (2, 5), (3, 4), (4, 3), (5, 2)의 4가지 경우가 있습니다.

1) (2, 5)의 경우, 만들 수 있는 수는 12, 13, 15입니다.
2) (3, 4)의 경우, 만들 수 있는 수는 74입니다.
3) (4, 3)의 경우, 만들 수 있는 수는 47입니다.
4) (5, 2)의 경우, 만들 수 있는 수는 21, 31, 51입니다.

세 자리 수 중에는 백, 십, 일의 자리의 수를 만들 때 사용할 성냥개비의 개수가 (2, 2, 3), (2, 3, 2), (3, 2, 2)의 3가지 경우가 있습니다.

1) (2, 2, 3)의 경우, 만들 수 있는 수는 117입니다.
2) (2, 3, 2)의 경우, 만들 수 있는 수는 171입니다.
3) (3, 2, 2)의 경우, 만들 수 있는 수는 711입니다.

따라서 성냥개비 7개를 모두 사용하여 만들 수 있는 숫자는 8, 12, 13, 15, 21,

31, 47, 51, 74, 117, 171, 711입니다.

이번에는 성냥개비 1개를 옮기거나 더하거나 빼서 만들 수 있는 수를 모두 찾아봅시다.

	0	1	2	3	4	5	6	7	8	9
옮기기	6,9	·	3	2,5	·	3	0,9	·	·	0,6
더하기	8	7	·	9	·	6,9	8	·	·	8
빼기	·	·	·	·	·	·	5	1	0,6,9	3,5

위의 규칙을 이해하기 쉽게 도식화하면 다음과 같습니다.

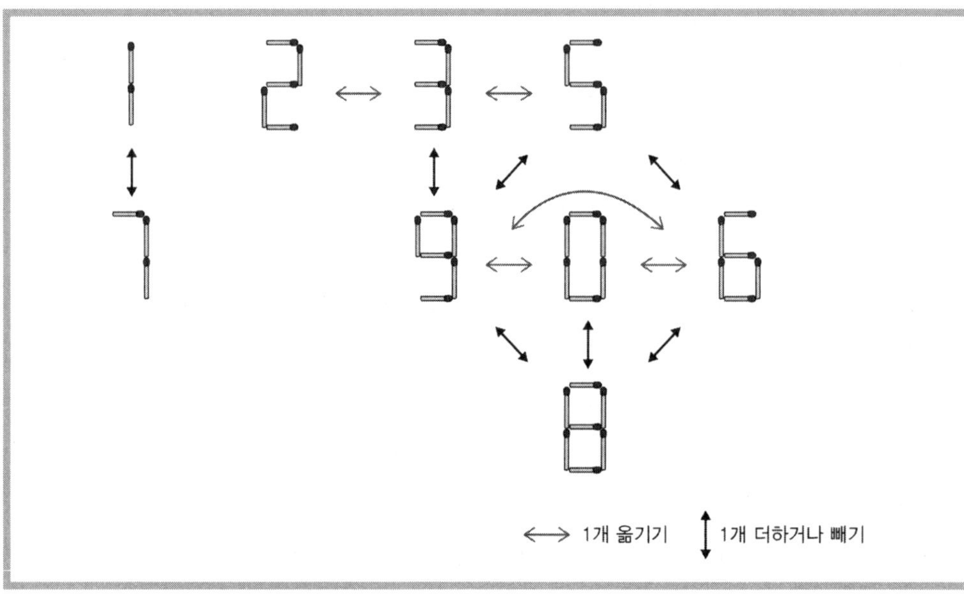

4는 성냥개비 1개를 옮기거나 더하거나 빼서 다른 숫자를 만들 수 없다는 것을 알 수 있습니다. 위 그림처럼 성냥개비로 만든 수가 상황에 따라 어떻게 바뀌는지 이해한다면, 성냥개비 연산 문제를 해결하는 데 큰 도움이 될 것입니다.

성냥개비 연산의 실제

1 옮기기

가. 성냥개비 1개를 옮겨서 올바른 덧셈식 만들기

두 수의 합이 1이 되는 경우는 존재할 수 없으므로 6에서 성냥개비 1개를 옮겨와서 1을 7로 고칩니다. 따라서 올바른 식은 5+2=7이 됩니다.

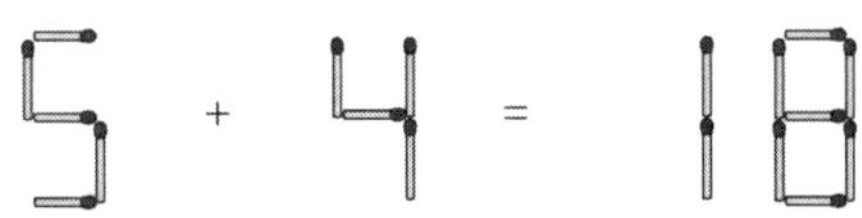

두 수의 합이 10보다 크기 때문에 5나 4를 더 큰 수로 만들어 주어야 합니다. 4는 성냥개비를 1개 옮겨와서 새로운 수를 만들 수 없기 때문에 5를 6 또는 9로 바꿀 수 있습니다. 5를 6으로 바꾸어 계산하면 10이 나오는데, 기존의 18에서 성냥개비 1개를 빼내어 10을 만들 수 있습니다. 따라서 올바른 식은 6+4=10이 됩니다.

나. 성냥개비 1개를 옮겨서 올바른 뺄셈식 만들기

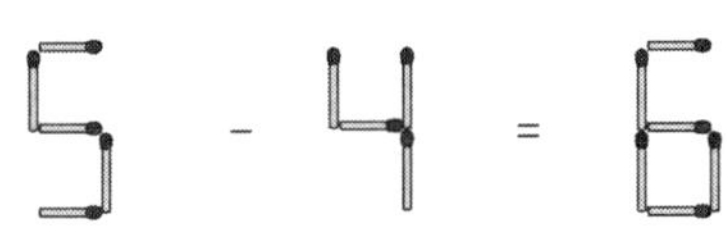

4는 바꿀 수 없는 수이므로 5와 6을 바꾸어야 합니다. 5에 성냥개비 1개를 더하여 6 또는 9를 만들 수 있고, 6에서 성냥개비 1개를 빼내어 5를 만들 수 있습니다. 따라서 올바른 식은 9－4＝5가 됩니다.

두 자리 수에서 한 자리 수를 뺀 값이 1이 되는 경우는 10－9＝1 한 가지뿐인데, 성냥개비 1개를 옮겨서 만들 수가 없으므로, 숫자 1에 성냥개비 1개를 더하여 7로 바꾸어야 합니다. 이때 사용한 성냥개비는 19에서 빼내온 것으로, 올바른 식은 15－8＝7이 됩니다.

다. 성냥개비 1개를 옮겨서 올바른 곱셈식 만들기

두 수의 곱이 한 자리 수가 되려면, 곱하는 수인 7을 1로 바꾸어 주는 방법이 있습니다. 이때 빼낸 성냥개비 1개는 5에 붙여서 9를 만들어 줍니다. 따라서 올바른 식은 9×1＝9가 됩니다.

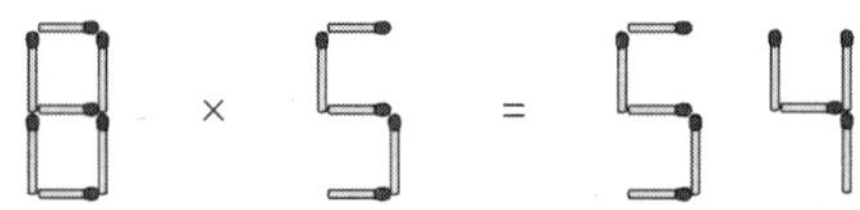

4는 바꿀 수 없는 수이므로 두 수의 곱이 '몇십사'가 되는 경우를 생각해보면, 54 그대로이거나 64로 바꿀 수 있다는 것을 알 수 있습니다. 64로 바꾼다면 8×8＝64가 되어야 하는데 불가능하므로 54는 그대로 두고, 8과 5를 각각 6과 9로 바꾸어 올바른 식이 6×9＝54 또는 9×6＝54가 되도록 합니다.

라. 성냥개비 1개를 옮겨서 올바른 나눗셈식 만들기

(한 자리 수)÷(한 자리 수)=(한 자리 수)가 되려면, 나누는 수가 1이 되거나 계산 결과가 1인 경우가 많으므로 7에서 성냥개비 1개를 빼내어 1로 바꾸고, 6에 성냥개비 1개를 더하여 8로 바꾸면 8÷8＝1이 됩니다.

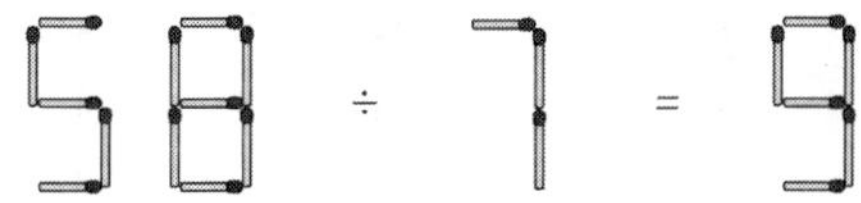

7을 1로 바꿀 수 없으므로 58을 7로 나눌 수 있는 수로 바꾸어야 합니다. 따라서 성냥개비 1개를 옮겨서 만들 수 있는 올바른 식은 56÷7=8이 됩니다.

2 더하기

가. 성냥개비 1개를 더해서 올바른 덧셈식 만들기

7은 더해서 만들 수 있는 수가 없으므로 5에 성냥개비 1개를 더해 9로 만듭니다. 따라서 올바른 식은 9+7=16이 됩니다.

6을 8로 바꾸거나 9를 8로 바꾸는 경우를 생각해 볼 수 있습니다. 두 수의 합이 17이 되려면 수가 커져야 하므로 6에 성냥개비 1개를 더해 8로 만들어야 합니다. 따라서 올바른 식은 8+9=17이 됩니다.

나. 성냥개비 1개를 더해서 올바른 뺄셈식 만들기

3은 바꿀 수 없는 수이므로 5나 6에 성냥개비를 한 개 더해주어야 합니다. 6은 성냥개비를 더하면 수가 더 커지므로 5에 1개를 더해 9를 만들어야 합니다. 따라서 올바른 식은 9−3=6이 됩니다.

3은 바꿀 수 없는 수이므로 11이 1이 커지거나 9가 1 작아지면 됩니다. 성냥개비 1개를 더해 9를 8로 바꿀 수 있으므로 올바른 식은 11－8＝3이 됩니다.

다. 성냥개비 1개를 더해서 올바른 곱셈식 만들기

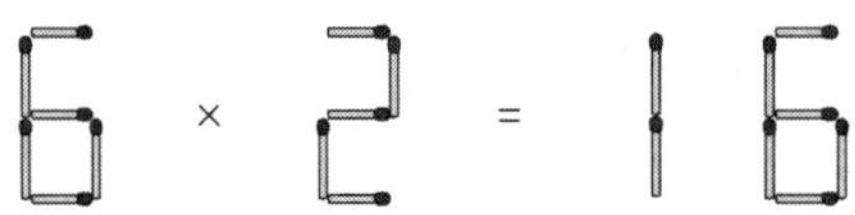

만들 수 있는 식은 두 수의 곱이 16이나 18이 되는 경우이다. 두 수의 곱이 16이 되려면 8×2, 4×4가 되어야 하고 두 수의 곱이 18이 되려면 9×2가 되어야 합니다. 성냥개비 1개를 더해 만들 수 있는 식을 찾아보면 8×2＝16이 됩니다.

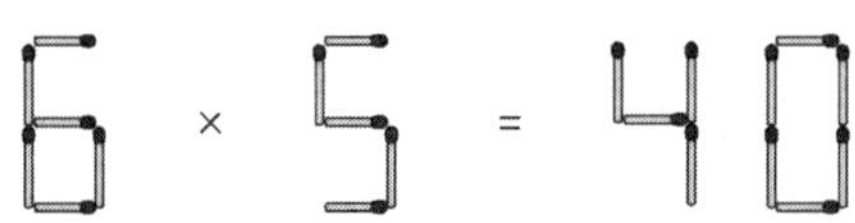

두 수의 곱이 40이 되거나 48이 되는 식을 생각할 수 있습니다. 40이 되기 위해서는 (한 자리 수)×(한 자리 수)이므로 8×5가 됩니다. 48이 되기 위해서 6×8이 되는 경우를 생각할 수 있는데, 이때에는 성냥개비 2개를 더해야 합니다. 따라서 올바른 식은 8×5＝40입니다.

라. 성냥개비 1개를 더해서 올바른 나눗셈식 만들기

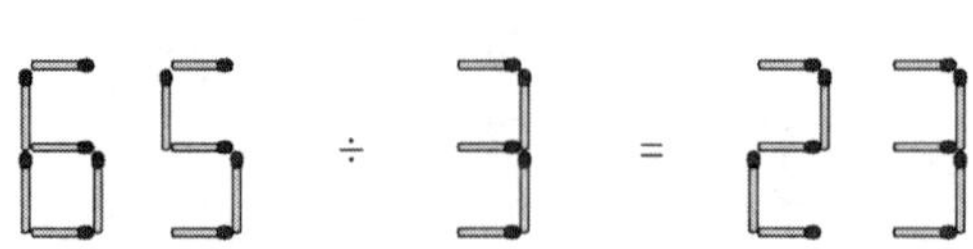

2와 3은 성냥개비 1개를 더해 바꿀 수 있는 수가 없으므로 3×23의 값을 생각해서 쉽게 해결할 수 있습니다. 숫자 5에 성냥개비 1개를 더하여 숫자 9로 바꾸면 69÷3＝23이 됩니다.

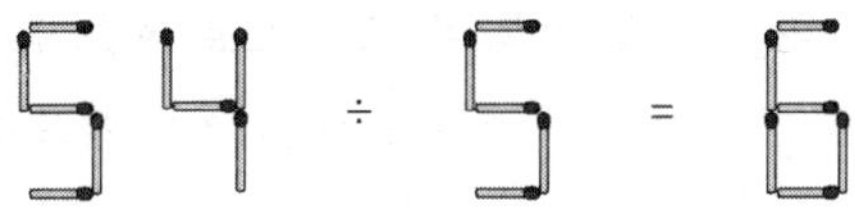

만들 수 있는 수는 54를 64로, 5를 6이나 9로, 6을 8로 바꾸는 경우를 생각할 수 있습니다. 각각의 수를 대입해보면 올바른 식은 $54 \div 9 = 6$이 됩니다.

3 빼기

가. 성냥개비 1개를 빼서 올바른 덧셈식 만들기

성냥개비 1개를 빼서 바꿀 수 있는 수는 9와 7입니다. 9는 5나 3으로, 7은 1로 바꿀 수 있으므로 맞는 식을 찾아보면 $3+7=10$ 또는 $9+1=10$이 됩니다.

13은 바꿀 수 없는 수이므로 6과 8 중에서 성냥개비 1개를 빼서 만들 수 있는 식을 찾아보면 $5+8=13$이 됩니다.

나. 성냥개비 1개를 빼서 올바른 뺄셈식 만들기

뺄셈의 결과 값이 크기 때문에 9에서 성냥개비 1개를 빼서 올바른 식으로 바꾸어야 합니다. 따라서 올바른 식은 $6-1=5$가 됩니다.

7을 1로 바꾸어서는 올바른 식을 얻을 수 없으므로 8을 0, 6, 9로 바꾸어 올바른 식을 찾아야 합니다. 올바른 식은 $17-8=9$ 또는 $17-9=8$이 됩니다.

다. 성냥개비 1개를 빼서 올바른 곱셈식 만들기

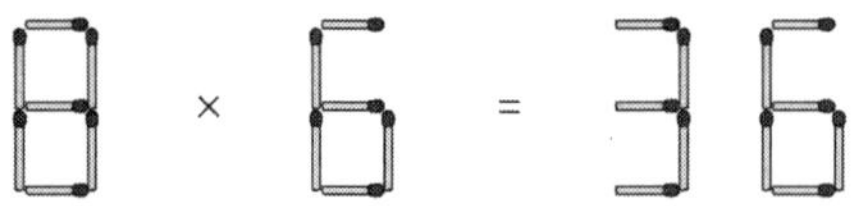

3은 바꿀 수 없는 수이므로 8과 6중에 성냥개비를 빼서 알맞은 식을 만들어야 합니다. 올바른 식은 $6\times6=36$이 됩니다.

곱의 결과가 한 자리 수가 되어야 하므로 9를 바꿀 수 없습니다. 따라서 올바른 식은 $9\times1=9$입니다.

라. 성냥개비 1개를 빼서 올바른 나눗셈식 만들기

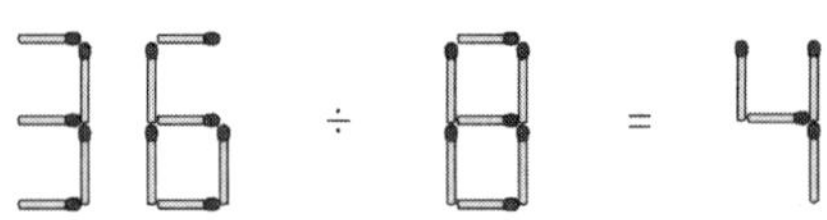

식에서 바꿀 수 있는 수는 6, 8이므로 성냥개비 1개를 빼서 만들 수 있는 올바른 식은 $36\div9=4$가 됩니다.

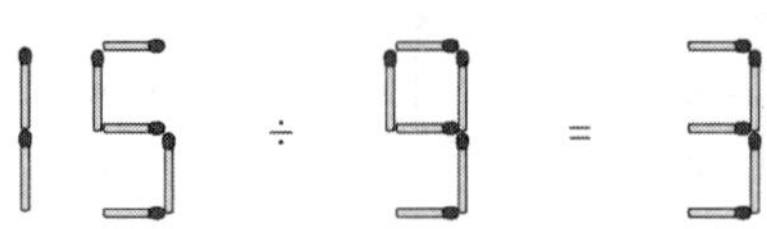

성냥개비 1개를 빼서 바꿀 수 있는 수는 9밖에 없으므로 올바른 식을 찾아보면 $15\div5=3$이 됩니다.

Challenge

❶ 성냥개비 1개를 옮겨서 올바른 식이 되도록 만드시오.

① 3 + 0 = 8

② 15 − 8 = 5

③ 7 × 8 = 53

④ 91 ÷ 9 = 8

❷ 성냥개비 1개를 더해서 올바른 식이 되도록 만드시오.

① 8 + 1 = 15

② 10 − 5 = 1

③ 5 × 9 = 54

④ 27 ÷ 5 = 3

답안지

❶ ① $9+0=9$
② $13-8=5$
③ $7\times9=63$
④ $81\div9=9$

❷ ① $8+7=15$
② $10-9=1$
③ $6\times9=54$
④ $27\div9=3$

소수(prime number, 素數)

소수란?

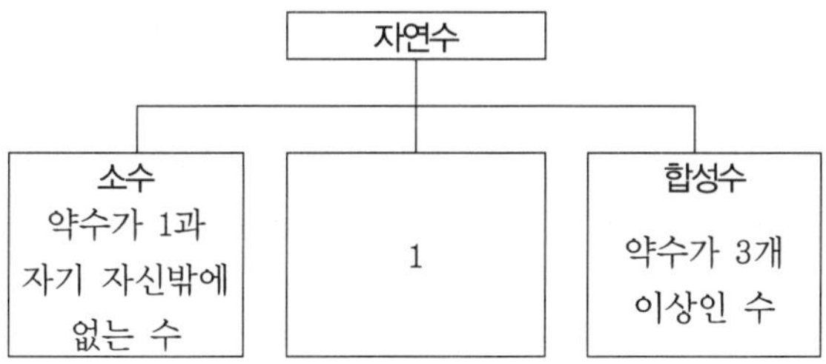

자연수 중에서 1보다 크고 약수가 1과 자기 자신뿐인 자연수를 소수(prime number)라고 합니다.

낙서와 발견

1964년, 수학자인 스타니스와프 울람(Stanislaw Marcin Ularm, 1909~1984)은 회의에 참석 중 너무 지겨운 나머지 1에서 49까지의 수를 나선 모양으로 종이에 썼습니다.

```
37 - 36 - 35 - 34 - 33 - 32 - 31
|                             |
38   17 - 16 - 15 - 14 - 13   30
|    |                   |    |
39   18   5 -  4 -  3    12   29
|    |    |         |    |    |
40   19   6    1 -  2    11   28
|    |    |              |    |
41   20   7 -  8 -  9 - 10    27
|    |                        |
42   21 - 22 - 23 - 24 - 25 - 26
|
43 - 44 - 45 - 46 - 47 - 48 - 49
```

그는 많은 소수들이 대각선에서 나타난다는 사실을 발견했습니다.

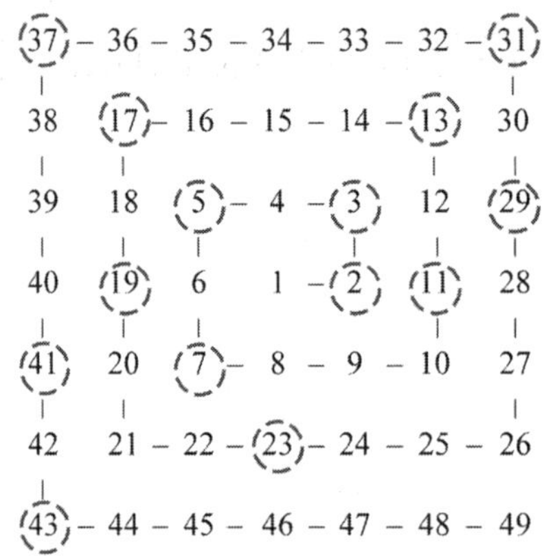

울람의 동료는 매니악Ⅱ라고 불리는 컴퓨터를 이용하여 소용돌이 모양을 만들자 놀랍게도 똑같은 현상이 나타났습니다. 울람이 발견했던 것처럼 많은 소수들이 대각선 위에 나타났던 것입니다.

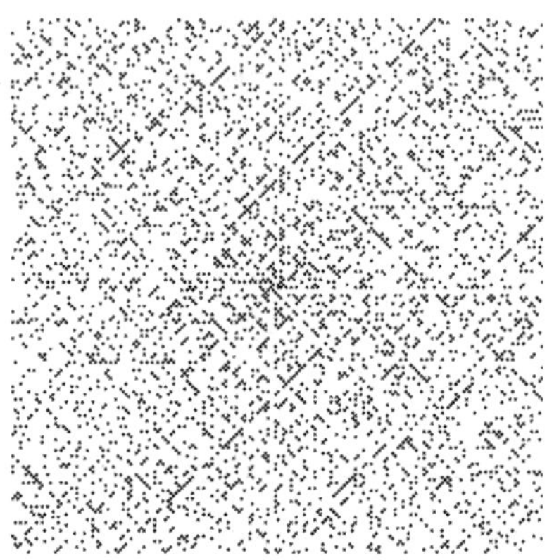

200×200 크기의 울람 나선
검은점이 소수

소수 탐구

1 에라토스테네스의 체

이집트인들의 기록을 살펴보면 그들이 소수에 대한 약간의 지식은 있었던 것으로 보입니다. 린드 파피루스에는 여러 가지 소수들과 합성수들이 쓰여 있습니다. 린드 파피루스는 기원전 1650년경에 만들어진 것으로 추정되며 가장 오래된 수학책 중 하나입니다. 내용적 측면으로는 수록된 것이 대부분 실용적인 수학문제들로 일상생활과 밀접한 관계가 있습니다. 그러나 주목되는 공식은 전혀 나타나 있지 않습니다.

그 후 소수에 대한 연구가 시작된 것은 고대 그리스부터였습니다. 유클리드의 원론이 지어진 것은 기원전 300년경으로 여러 개의 소수에 대한 중요한 사실들이 증명되었습니다. 피타고라스의 학교에서 그들은 완전수와 친화수보다 큰 관심을 보였습니다. 에라토스테네스가 만든 에라토스테네스 체는 소수를 찾기에 가장 간단한 방법입니다. 에라토스테네스가 소수를 찾기 위해 사용한 방법을 알아봅시다.

① 1은 소수가 아니므로 제외한다.
② 2는 소수이므로 남겨두고 2보다 큰 2의 배수를 지운다.(2를 제외한 2의 배수 /표시)
③ 2 다음의 수 3이 소수이므로 남겨두고 3보다 큰 3의 배수를 지운다.(3을 제외한 3의 배수 \표시)
④ 다음에는 5가 소수이므로 남겨두고 5보다 큰 5의 배수를 지운다.(5를 제외한 5의 배수 × 표시)
⑤ 7을 남겨두고 7보다 큰 7의 배수를 지운다.(7을 제외한 7의 배수 ∨표시)
⑥ 이 방법을 반복해서 적용하면 소수가 남는다.

1	2	3	4	5	6	7	8	9	10
11	12	13	14	15	16	17	18	19	20
21	22	23	24	25	26	27	28	29	30
31	32	33	34	35	36	37	38	39	40
41	42	43	44	45	46	47	48	49	50
51	52	53	54	55	56	57	58	59	60
61	62	63	64	65	66	67	68	69	70
71	72	73	74	75	76	77	78	79	80
81	82	83	84	85	86	87	88	89	90
91	92	93	94	95	96	97	98	99	100

이 방법으로 1~100까지의 소수를 찾으면 다음과 같습니다.

~~1~~	**2**	**3**	~~4~~	**5**	~~6~~	**7**	~~8~~	~~9~~	~~10~~
11	~~12~~	**13**	~~14~~	~~15~~	~~16~~	**17**	~~18~~	**19**	~~20~~
~~21~~	~~22~~	**23**	~~24~~	~~25~~	~~26~~	~~27~~	~~28~~	**29**	~~30~~
31	~~32~~	~~33~~	~~34~~	~~35~~	~~36~~	**37**	~~38~~	~~39~~	~~40~~
41	~~42~~	**43**	~~44~~	~~45~~	~~46~~	**47**	~~48~~	~~49~~	~~50~~
~~51~~	~~52~~	**53**	~~54~~	~~55~~	~~56~~	~~57~~	~~58~~	**59**	~~60~~
61	~~62~~	~~63~~	~~64~~	~~65~~	~~66~~	**67**	~~68~~	~~69~~	~~70~~
71	~~72~~	**73**	~~74~~	~~75~~	~~76~~	~~77~~	~~78~~	**79**	~~80~~
~~81~~	~~82~~	**83**	~~84~~	~~85~~	~~86~~	~~87~~	~~88~~	**89**	~~90~~
~~91~~	~~92~~	~~93~~	~~94~~	~~95~~	~~96~~	**97**	~~98~~	~~99~~	~~100~~

2 소수 나선(Prime Spiral)

울람의 나선과 같이 아래 수 배열표에서 소수를 찾아 색칠해 봅시다. 어떠한 특징이 나타나는지 찾아봅시다.

1	2	3	4	5
6	7	8	9	10
11	12	13	14	15
16	17	18	19	20
21	22	23	24	25
26	27	28	29	30
31	32	33	34	35
36	37	38	39	40
41	42	43	44	45
46	47	48	49	50
51	52	53	54	55
56	57	58	59	60
61	62	63	64	65
66	67	68	69	70
71	72	73	74	75
76	77	78	79	80
81	82	83	84	85
86	87	88	89	90
91	92	93	94	95
96	97	98	99	100

1	2	3	4	5	6
7	8	9	10	11	12
13	14	15	16	17	18
19	20	21	22	23	24
25	26	27	28	29	30
31	32	33	34	35	36
37	38	39	40	41	42
43	44	45	46	47	48
49	50	51	52	53	54
55	56	57	58	59	60
61	62	63	64	65	66
67	68	69	70	71	72
73	74	75	76	77	78
79	80	81	82	83	84
85	86	87	88	89	90
91	92	93	94	95	96
97	98	99	100	101	102

1	2	3	4	5
6	7	8	9	10
11	12	13	14	15
16	17	18	19	20
21	22	23	24	25
26	27	28	29	30
31	32	33	34	35
36	37	38	39	40
41	42	43	44	45
46	47	48	49	50
51	52	53	54	55
56	57	58	59	60
61	62	63	64	65
66	67	68	69	70
71	72	73	74	75
76	77	78	79	80
81	82	83	84	85
86	87	88	89	90
91	92	93	94	95
96	97	98	99	100

1	2	3	4	5	6
7	8	9	10	11	12
13	14	15	16	17	18
19	20	21	22	23	24
25	26	27	28	29	30
31	32	33	34	35	36
37	38	39	40	41	42
43	44	45	46	47	48
49	50	51	52	53	54
55	56	57	58	59	60
61	62	63	64	65	66
67	68	69	70	71	72
73	74	75	76	77	78
79	80	81	82	83	84
85	86	87	88	89	90
91	92	93	94	95	96
97	98	99	100	101	102

소수를 색칠해보면 위와 같이 됩니다. 5씩 배열한 수 배열표에는 대각선 모양의 배열이 드러나고 6씩 배열한 수 배열표에는 2와 3을 제외하고는 첫째줄과 다섯째 줄에서만 소수가 나타나는 것을 볼 수 있습니다.

3 메르센 소수

메르센은 "2^n-1이 소수이면 n은 소수이다."라고 했습니다. 이는 일부분에 대해서 사실입니다. 예를 들면,

$$2^2-1=3(\text{소수})$$
$$2^3-1=5(\text{소수})$$
$$2^5-1=7(\text{소수})$$
$$\vdots$$

이렇게 따져보면 전부 사실인 것처럼 보이나 역 "n이 소수일 때, 2^n-1은 소수이다."는 성립하지 않습니다. 역인 $2^{11}-1=2047$이 23×89가 되므로 소수가 아닌 것이 밝혀졌고 n이 23, 29, 37에 대해서도 소수가 아닌 합성수임이 밝혀졌습니다. $n=2$, 3, 5, 13, 17, 19, 31, 67, 127, 257인 경우에는 사실인 것으로 밝혀졌습니다. 이 수들을 메르센 소수라 부릅니다. 현재 알려진 매우 큰 소수들 중에서 가장 큰 메르센 소수는 2013년 미국의 커티스 쿠퍼 교수가 발견한 '$2^{57885161}-1$'이며 이 수는 17,425,170자리 수입니다. 메르센 소수가 무한히 존재하는지는 아직까지 알려지지 않았습니다.

Challenge

❶ 울람의 나선과 같이 아래 수 배열표에서 소수를 찾아 색칠하고 어떠한 특징이 나타나는지 찾아봅시다.

17	18	19	20	21	22	23	24	25	26
27	28	29	30	31	32	33	34	35	36
37	38	39	40	41	42	43	44	45	46
47	48	49	50	51	52	53	54	55	56
57	58	59	60	61	62	63	64	65	66
67	68	69	70	71	72	73	74	75	76
77	78	79	80	81	82	83	84	85	86
87	88	89	90	91	92	93	94	95	96
97	98	99	100	101	102	103	104	105	106
107	108	109	110	111	112	113	114	115	116

| 참고문헌 |

김주영(2012). 소수와 무리수의 수학사적 고찰. 영남대학교 교육대학원 석사학위논문.

수학대장 http://claralee.new21.net/

한국교육개발원(2007). 신비한 수, 소수!

http://www.mersenne.org/

답안지

❶ 네 줄에서만 소수가 나타납니다.

17	18	19	20	21	22	23	24	25	26
27	28	29	30	31	32	33	34	35	36
37	38	39	40	41	42	43	44	45	46
47	48	49	50	51	52	53	54	55	56
57	58	59	60	61	62	63	64	65	66
67	68	69	70	71	72	73	74	75	76
77	78	79	80	81	82	83	84	85	86
87	88	89	90	91	92	93	94	95	96
97	98	99	100	101	102	103	104	105	106
107	108	109	110	111	112	113	114	115	116

속산(Speed Math)

속산이란?

속산은 사전적 의미로 셈을 빨리함, 또는 그렇게 하는 셈이라고 합니다.

속산은 왜 필요할까요?

여기에서 언급하는 속산은 손으로 써가며 문제를 푸는 것일 수도 있고, 머릿속으로 이루어지는 계산을 말하기도 합니다. 속산이 익숙해진다면 문제 해결과정에서 시간을 줄일 수 있습니다. 아무리 복잡한 연산이라도 계산하는 원리를 알고 시간만 충분히 주어진다면 해결할 수 있습니다. 하지만 우리는 수학 시간에 문제를 빨리 푸는 학생을 똑똑하다고 생각합니다. 문제를 빠르게 해결하는 과정에서 성취감을 맛볼 수도 있고 이를 통해 수학에 흥미를 느낄 수도 있습니다. 수학에 흥미를 심어줄 속산 탐구를 시작해 봅시다.

속산 방법 탐구

1 덧셈 · 뺄셈 속산 방법

① 조합을 찾아 계산하기

둘 혹은 세 수를 더해 10이 되는 수를 찾아내어 계산하는 방법으로 수를 묶어 10으로 만들어 쉽게 계산하는 방법입니다.

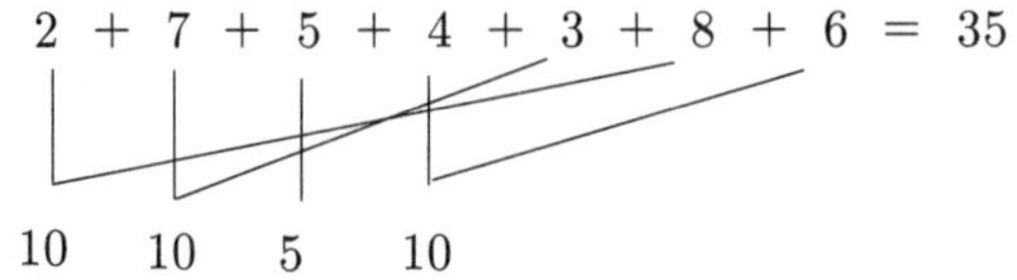

7 + 9 + 3 + 2 + 6 + 1 + 5 + 2 = 35

10　10　10　5

이 속산법은 두 자리 혹은 세 자리 수의 덧셈에서도 각 자릿수마다 수를 나누는 방법을 통해 똑같이 적용해 볼 수 있습니다.

1	19	10		
10	46	6		26
10	27	10		+ 21
	61			236
	+ 83			
	236			

② 적당한 수를 찾아 계산하기

더하거나 빼는 수를 계산하기 쉬운 수로 바꾸어 계산하는 방법입니다. 이때 10, 100, 1000의 보수를 이용하여 계산하는 경우가 많으며 그 외에도 수를 계산하기 편리한 수로 바꾸는 경우도 있습니다.

10, 100, 1000의 보수를 이용하여 계산하는 방법을 살펴봅시다.

• 89 + 971 + 892 + 93 =

89	100	− 11
971	1000	− 29
892	1000	− 108
+ 93	+ 100	− 7
2045 ←	2200	− 155

계산하기 편리한 수로 바꾸는 방법을 살펴봅시다.

• 39 + 42 + 40 + 37 + 45 =

이 문제의 경우에는 십의 자리 숫자가 3과 4이며 40에 가까운 수들이라고 볼 수 있습니다. 따라서 기준이 되는 수를 40으로 보고 그 차이를 찾아내어 계산하는 방법입니다.

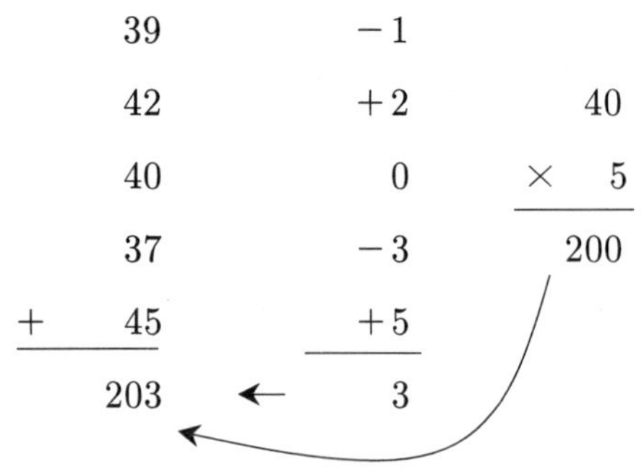

뺄셈의 경우에는 빼는 수를 적당한 수로 바꾸고 그 차이를 다시 더하거나 빼주면 됩니다.

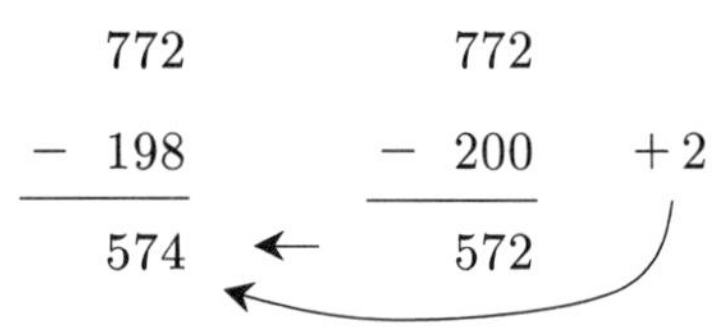

덧셈과 뺄셈이 섞여있는 혼합 계산식의 경우에는 덧셈과 뺄셈을 따로 분리해서 계산합니다.

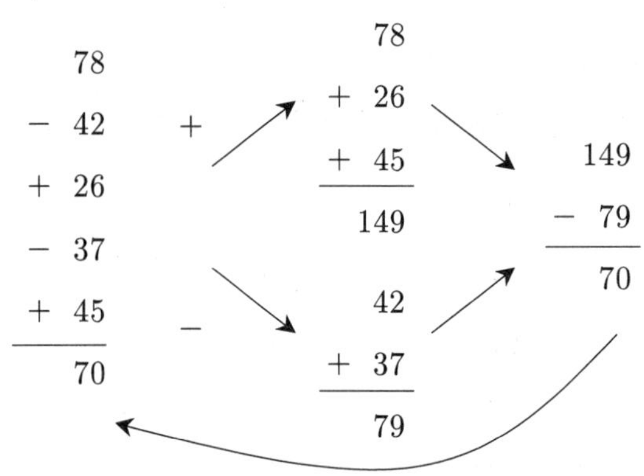

2 곱셈 속산법

▶ 십의 자리 수가 같은 곱셈 계산하기

① 제곱수의 곱셈법

$$12 \times 12 = 144$$

12	⇨	12	⇨	12
01 04		0104		0104
↗ ↖		40		+ 40
십의 자리 숫자끼리 곱셈 (1×1) / 일의 자리 숫자끼리 곱셈 (2×2)		↑ 각 자리 숫자의 곱셈×2×10 (1×2×2×10)		144

$$16 \times 16 = 256$$

16	⇨	16	⇨	16
01 36		0136		0136
↗ ↖		120		+ 120
(1×1) (6×6)		↑ (1×6×2×10)		256

② 십의 자리가 같고, 일의 자리의 합이 10인 두 수의 곱셈

$$26 \times 24 = 624$$

	⇨	
2 6		2 6
× 2 4		× 2 4
06 | 24		6 2 4
↗ 십의 자리 숫자 × 십의 자리 숫자+1 (2×3) / ↖ 일의 자리 숫자끼리 곱셈 (6×4)		

십의 자리가 같고 일의 자리의 합이 10인 두 수의 곱셈을 세 자리 수로 범위를 넓혀 계산할 수도 있습니다.

$152 \times 58 = 8816$

```
      5 2            1 5 2           1 5 2
  ×   5 8        ×     5 8       ×     5 8
  ---------      -----------     -----------
   3 0|1 6   ⇨     3 0 1 6   ⇨     3 0 1 6
                   5 8 0 0     +   5 8 0 0
                               -----------
                                   8 8 1 6
```

- 30: 십의 자리 숫자 × (십의 자리 숫자+1) (5×6)
- 16: 일의 자리 숫자끼리 곱셈 (2×8)
- 5800: 100×곱하는 수 (100×58)

③ 십의 자리가 같고, 일의 자리의 합이 11인 두 수의 곱셈

십의 자리가 같고, 일의 자리의 합이 11인 두 수의 곱셈은 일의 자리의 합이 10인 두 수의 곱셈에서 앞의 수를 한 번 더 더해준다고 생각하여 풉니다.

$37 \times 34 = 1258$

```
      3 7              3 7
  ×   3 3          ×   3 4
  ---------        ---------
   1 2|2 1   ⇨     1 2 2 1
                 +     3 7
                 ---------
                   1 2 5 8
```

- 12: 십의 자리 숫자 × (십의 자리 숫자+1) (3×4)
- 21: 일의 자리 숫자끼리 곱셈 (7×3)

④ 십의 자리가 같고, 일의 자리의 합이 9인 두 수의 곱셈

십의 자리가 같고, 일의 자리의 합이 9인 두 수의 곱셈은 일의 자리의 합이 10인 두 수의 곱셈에서 앞의 수를 한 번 빼준다고 생각하여 풉니다.

$45 \times 44 = 1980$

```
      4 5              4 5
  ×   4 5          ×   4 4
  ---------        ---------
   2 0|2 5   ⇨     2 0 2 5
                 −     4 5
                 ---------
                   1 9 8 0
```

- 20: 십의 자리 숫자 × (십의 자리 숫자+1) (4×5)
- 25: 일의 자리 숫자끼리 곱셈 (5×5)

▶10, 100에 가까운 수 곱셈 계산하기

① 10에 가까운 수 곱하기

10에 가까운 수는 곱하는 수를 10으로 보고 10보다 작은 수는 10의 보수만큼 빼주고 10보다 큰 수는 그 수만큼을 더해서 계산합니다.

$$\begin{array}{r} 272 \\ \times \quad 9 \\ \hline 2448 \end{array} \leftarrow \begin{array}{r} 2720 \\ - \quad 272 \\ \hline 2448 \end{array} \qquad \begin{array}{r} 272 \\ \times \quad 11 \\ \hline 2992 \end{array} \leftarrow \begin{array}{r} 2720 \\ + \quad 272 \\ \hline 2992 \end{array}$$

② 100에 가까운 수 곱하기

100에 가까운 수는 곱하는 수를 10에 가까운 수 곱하기와 같이 100으로 보고 100보다 작은 수는 100의 보수만큼 빼주고 100보다 큰 수는 그 수만큼을 더해서 계산합니다.

$$\begin{array}{r} 183 \\ \times \quad 92 \\ \hline 16836 \end{array} \leftarrow \begin{array}{rl} 18300 & \leftarrow 183\times100 \\ - \quad 1464 & \leftarrow 183\times8 \\ \hline 16836 & \end{array} \qquad \begin{array}{r} 206 \\ \times \quad 107 \\ \hline 22042 \end{array} \leftarrow \begin{array}{rl} 20600 & \leftarrow 206\times100 \\ + \quad 1442 & \leftarrow 206\times7 \\ \hline 22042 & \end{array}$$

곱하는 두 수가 100과 가까운 수일 때에는 위와 같은 방법을 사용할 수도 있지만 보다 쉬운 방법을 이용해 계산할 수 있습니다. 100의 차이만큼을 100에 더하거나 빼서 백의 자리 수부터 맞추어 쓰고 100의 차이만큼의 수를 곱해서 일의 자리 수부터 맞추어 쓰면 답을 쉽게 구할 수 있습니다.

$$\begin{array}{r} 9\ 8 \\ \times \qquad 9\ 5 \\ \hline \boxed{9\ 3}\boxed{1\ 0} \\ \nearrow \qquad \nwarrow \\ 100-(2+5) \quad 2\times5 \end{array} \qquad \begin{array}{r} 1\ 0\ 3 \\ \times \qquad 1\ 0\ 7 \\ \hline \boxed{1\ 1\ 0}\boxed{2\ 1} \\ \nearrow \qquad \nwarrow \\ 100+(3+7) \quad 3\times7 \end{array}$$

이유는 다음과 같습니다.

$98\times95=(100-2)\times(100-5)=(100-2)\times100-(100-2)\times5$

$=(100-2)\times100-5\times100+2\times5=(100-2-5)\times100+2\times5$

$=\{100-(2+5)\}\times100+2\times5=9300+10=9310$

103×107도 스스로 그 이유를 알아보세요.

3 나눗셈 속산법

▶100, 1000보다 조금 작은 수로 나눗셈하기

① 100보다 작은 수로 나눗셈하기

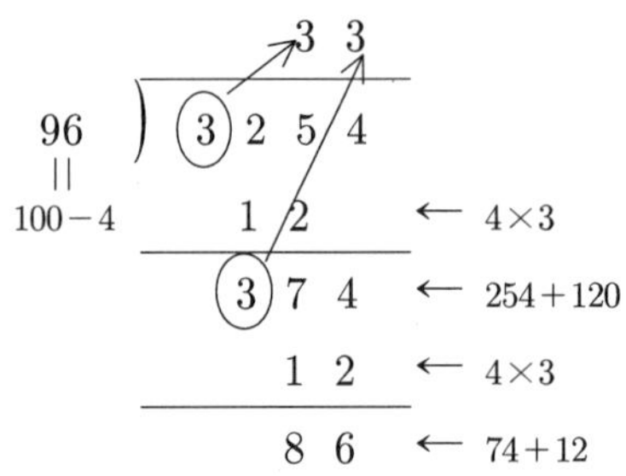

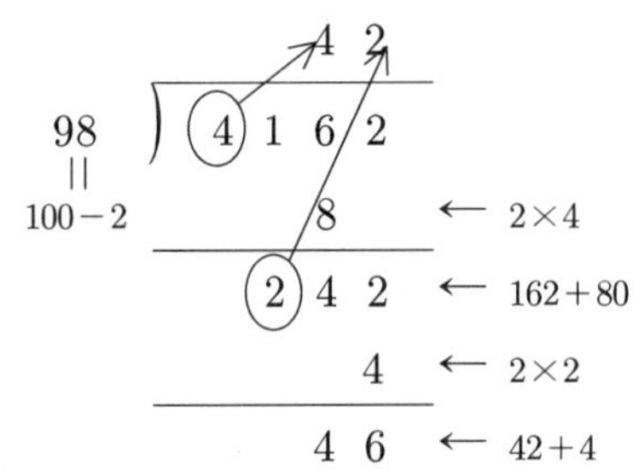

② 1000보다 작은 수로 나눗셈하기

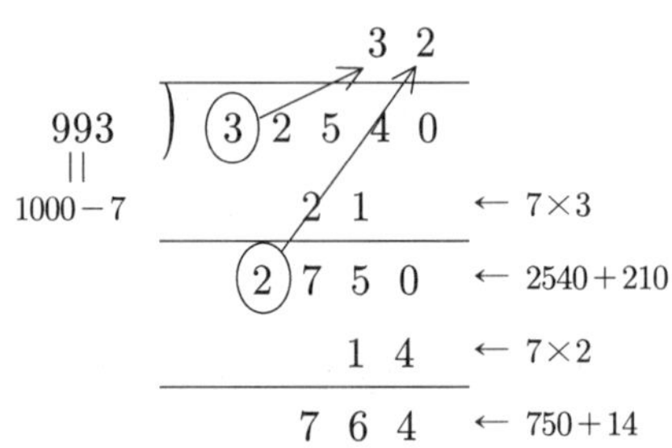

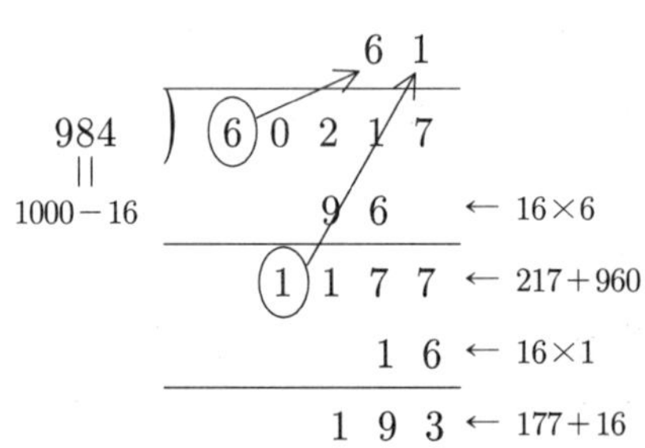

Challenge

❶ 다음 덧셈을 속산 방법을 이용하여 계산하시오.

$$\begin{array}{r} 95 \\ 203 \\ 105 \\ +\quad 97 \\ \hline \end{array}$$

❷ 다음 뺄셈을 속산 방법을 이용하여 계산하시오.

$$\begin{array}{r} 416 \\ -\ 298 \\ \hline \end{array}$$

| 참고문헌 |

나카무라 기시쿠(1994). 속산 100의 테크닉. 전파과학사.

답안지

❶

$$
\begin{array}{r}
95\\
203\\
105\\
+\;\;97\\
\hline
500
\end{array}
\;\leftarrow\;
\begin{array}{r}
100\\
200\\
100\\
100\\
\hline
500
\end{array}
\quad
\begin{array}{r}
-\;5\\
+\;3\\
+\;5\\
-\;3\\
\hline
0
\end{array}
\quad \text{또는} \quad
\begin{array}{r}
95\\
203\\
105\\
+\;\;97\\
\hline
500
\end{array}
\;
\begin{array}{l}
200\ (95+105)\\
300\ (203+97)
\end{array}
$$

❷

$$
\begin{array}{r}
416\\
-\;298\\
\hline
118
\end{array}
\;\leftarrow\;
\begin{array}{r}
416\\
-\;300\\
\hline
116
\end{array}
\quad +\;2
$$

시계 산술

시계 속에 숨겨진 수

시계를 보면 1부터 12까지의 숫자를 볼 수 있습니다. 하루는 24시간이고 두 바늘이 정확히 만나는 12시를 기점으로 오전과 오후로 나뉩니다. 오후 13시가 되면 우리는 오후 1시, 오후 14시가 되면 오후 2시, 오후 15시가 되면 오후 3시라고 부릅니다. 이는 시각을 12로 나눈 나머지가 대응되는 것을 볼 수 있습니다. 이와 같이 12로 나눈 나머지가 같은 수로 대응되는 산술을 시계 산술이라고 합니다.

시계의 유래

시계는 중동 지역과 이집트 지역에서 제일 먼저 만들어 사용되었습니다. 오벨리스크라는 해시계는 이집트에서 만들어져 지금까지 보존되고 있는 해시계입니다. 해시계는 밤이나 날씨가 흐린 날에는 사용할 수 없다는 단점이 있었습니다. 그래서 물시계, 모래시계, 불시계 등 여러 가지 방법을 이용해 시간을 재었습니다. 우리 나라 역시 조선 세종 때 장영실이 만든 해시계 '앙구일부'와 물시계 '자격루'가 시계의 시초였습니다.

여러 가지 방법의 시계가 연구된 후 17세기 쯤 시계추를 이용한 시계가 발명되면서 정확한 시계가 만들어졌다고 합니다.

시계의 방향은 초기의 해시계와 관련이 있는데, 우리가 사용하는 현대의 시계는 북반구에서 발명되었습니다. 해시계를 북반구에서 만들 경우, 그림자가 시계 방향으로 돌아가게 됩니다. 그래서 초기에 시계발명가들은 해시계의 익숙한 방향 그대로 시계의 방향을 정했다고 합니다.

앙구일부

자격루

시계 산술 탐구

1 시계 산술-덧셈

하루 중 7시는 몇 번이 있을까요? 오전 7시와 오후 7시, 두 번 있습니다. 12시간이 지나면 똑같은 시각이 반복되는 것이 시계입니다. 지금이 오전 7시라고 한다면 12시간이 지난 후의 시각은 오후 7시입니다. 오후 7시에서 12시간이 지난 후의 시각은 또 오전 7시가 됩니다. 하루는 24시간이고 24시간 후에는 또 같은 시각이 반복되는 것입니다. 12시간 후, 24시간 후, 36시간 후, …. 같은 시각이 반복되는 것입니다.

낮 12시에서 1시간이 지난 후의 시각은 몇 시입니까? 13시가 정확한 표현일 수 있으나 시계를 보고 우리는 보통 1시라고 합니다. 13시, 14시, 15시, …라는 표현 대신에 우리는 시계에 보이는 수를 통해 쉽게 1시, 2시, 3시, …라고 합니다.

시계에 12까지의 숫자만 나타나 있는 것을 이용해 시계 산술에서의 덧셈 문제를 쉽게 해결할 수 있습니다. 시계 산술에서 더하기 기호는 '⊕'로 나타냅니다. '1⊕3'은 지금 시각이 1시일 때, 3시간 후의 시각을 의미합니다. 다음의 시계 산술 덧셈 문제를 해결해 봅시다.

① $2 \oplus 4$	② $6 \oplus 5$
③ $7 \oplus 12$	④ $24 \oplus 3$
⑤ $4 \oplus 10$	⑥ $8 \oplus 37$

답을 확인해보면, '① 6, ② 11, ③ 7, ④ 3, ⑤ 2, ⑥ 9'입니다. 문제 해결을 쉽게

하기 위한 규칙은 어떤 것이 있을까요?

- 두 수의 합이 12와 같거나 작을 때에는 자연수의 덧셈과 방법이 같습니다. 그래서 $2 \oplus 4 = 6$, $6 \oplus 5 = 11$이 됩니다.
- 덧셈 문제에서 하나의 수가 12, 24, 36, …과 같이 12의 배수가 된다면 답은 나머지 하나의 수와 같습니다. 따라서 $7 \oplus 12 = 7$, $24 \oplus 3 = 3$이 됩니다.
- 두 수의 합이 12보다 클 때에는 어떻게 될까요? 12시간이 지나면 같은 시각이 된다는 규칙을 이용하면 쉽게 구할 수 있습니다.
  - 자연수의 덧셈처럼 계산한 후에 12를 빼면 됩니다. $4 + 10 = 14$, $14 - 12 = 2$이므로 $4 \oplus 10 = 2$가 됩니다.
  - 만약 더하는 숫자가 클 때에는 12를 빼는 것을 여러 번 할 수도 있습니다. $8 + 37 = 45$, $45 - 12 = 33$, $33 - 12 = 21$, $21 - 12 = 9$이므로 $8 \oplus 34 = 9$가 됩니다.
  - 여러 번 빼는 것이 번거롭다면 두 수의 합을 12로 나눈 나머지를 구하는 방법도 있습니다. $8 + 37 = 45$, $45 \div 12 = 3 \cdots 9$이므로 $8 \oplus 34$의 답은 시계의 짧은 바늘이 3바퀴를 돈 후 9를 가리킨다는 의미가 됩니다.
  - 또 다른 방법으로 12보다 큰 수를 더하기 전에 12로 나누고 나머지로 계산하는 방법도 있습니다. $37 \div 12 = 3 \cdots 1$이므로 '$8 \oplus 37$'을 '$8 \oplus 1$'로 쉽게 계산할 수 있습니다. 하지만 계산하기 전 수를 12보다 작은 수로 바꾸었다 하더라도 두 수의 합이 12보다 클 때에는 계산 후에 한 번 더 12를 빼주는 과정을 거쳐야 합니다. '$8 \oplus 34$'의 경우에는 $34 \div 12 = 2 \cdots 10$이므로 $8 + 10 = 18$이므로 $18 - 12 = 6$이 됩니다. 따라서 $8 \oplus 34 = 6$입니다. 문제를 해결한 후에는 답이 반드시 12와 같거나 작은 수인지 확인해야 합니다.

이제 알게 된 규칙을 이용해 시계 산술에서의 덧셈 문제를 해결해 봅시다.

① $4 \oplus 5$　　② $8 \oplus 2$
③ $9 \oplus 12$　　④ $24 \oplus 1$
⑤ $7 \oplus 10$　　⑥ $6 \oplus 50$

답은 차례대로 '① 9, ② 10, ③ 9, ④ 1, ⑤ 5, ⑥ 8'입니다.

2 시계 산술–뺄셈

시계 산술에서 빼기 기호는 '⊖'입니다. '4⊕2'는 지금 시각이 4시일 때 2시간 후의 시각을 의미했듯이, '4⊖2'는 지금 시각이 4시일 때, 2시간 전의 시각을 의미합니다. 따라서 시계 바늘을 거꾸로 되돌려가며 이해하면 됩니다.

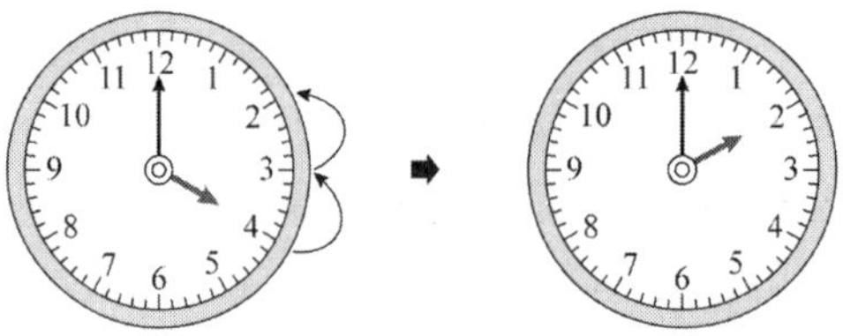

빼는 수가 클 때에도 차례로 세어가며 빼면 됩니다. '1⊖3'은 지금 시각이 1시일 때, 3시간 전의 시각을 의미하므로 시계 바늘을 거꾸로 되돌려 보면 10시가 됩니다. 따라서 1⊖3 = 10이 됩니다.

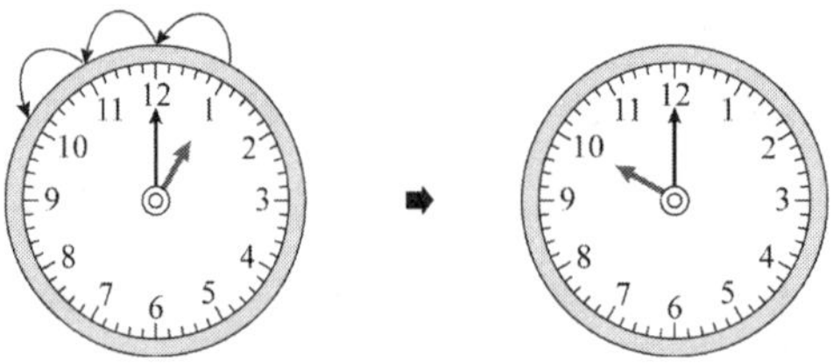

다음의 시계 산술 뺄셈 문제를 해결해 봅시다.

① 8⊖5	② 9⊖12
③ 6⊖24	④ 3⊖10
⑤ 4⊖15	⑥ 10⊖10

답은 차례대로 '① 3, ② 9, ③ 6, ④ 5, ⑤ 1, ⑥ 12'입니다. 시계 모형을 이용해서 문제를 해결할 수 있으나 규칙을 찾아 해결할 수도 있습니다. 문제 해결을 쉽게 하기 위한 규칙은 어떤 것이 있습니까?

- 앞의 수(빼지는 수)가 뒤의 수(빼는 수)보다 큰 경우에는 자연수의 뺄셈과 방법이 같습니다. 그래서 8⊖5 = 3, 4⊖2 = 2가 됩니다.
- 뒤의 수(빼는 수)가 12, 24, 36, …과 같이 12의 배수가 될 때에는 작은 바늘이 거꾸로 1바퀴를 돈 것과 같으므로 답은 앞의 수(빼지는 수)와 같습니다. 따라서 9⊖12 = 9, 6⊖24 = 6이 됩니다.

- 앞의 수(빼지는 수)보다 뒤의 수(빼는 수)가 큰 경우에는 어떻게 될까요?
  - ‘1 ⊖ 3’과 같은 경우에는 ‘1 − 3’을 계산할 수 없으므로 거꾸로 세기 방법을 이용할 수 있습니다. 1시부터 1시간씩 거꾸로 세 번 세어가면 됩니다. 12시, 11시, 10시가 되므로 답은 10이 됩니다.
  - ‘3 ⊖ 10’과 같이 뒤의 수(빼는 수)가 12에 가까운 수일 경우에는 12시간을 뺐다고 생각하고 더 뺀 수만큼 더해주는 것이 편리합니다. 즉, 3 ⊖ 12 = 3이고 10만 빼면 되는데 12를 뺐으므로 다시 2를 더해주면 됩니다. 3 + 2 = 5, 따라서 3 ⊖ 10 = 5가 됩니다.
  - 앞의 수(빼지는 수)보다 뒤의 수(빼는 수)가 큰 경우에는 앞의 수(빼지는 수)와 같은 큰 수로 바꾸어 계산할 수도 있습니다. 1과 같은 시간은 12를 더한 13이 되고 1 ⊖ 3을 13 − 3으로 생각해서 10을 쉽게 구할 수 있습니다.
  - 뒤의 수(빼는 수)가 12보다 큰 경우에는 뺄셈을 하기 전에 12를 빼고 계산할 수 있습니다. ‘4 ⊖ 15’의 경우에 15 − 12 = 3이고 15시는 3시로 나타낼 수 있으므로 4 ⊖ 3 = 1이라는 답을 구할 수 있습니다.
- 앞의 수(빼지는 수)와 뒤의 수(빼는 수)가 같을 경우, 10 ⊖ 10 = 0이 되는데, 시계에서 0시는 12시와 같으므로 답은 12가 됩니다.

이제 알게 된 규칙을 이용해 시계 산술에서의 뺄셈 문제를 해결해 봅시다.

① 9 ⊖ 5	② 10 ⊖ 2
③ 4 ⊖ 4	④ 6 ⊖ 13
⑤ 2 ⊖ 5	⑥ 5 ⊖ 12

답은 차례대로 ‘① 4, ② 8, ③ 12, ④ 5, ⑤ 9, ⑥ 5’입니다.

3 시계 산술–곱셈

시계 산술에서 곱셈 기호는 ‘⊗’입니다. ‘2 ⊗ 3’은 자연수의 곱셈에서와 마찬가지로 2시간이 세 번 있다는 뜻으로 이해하면 됩니다. 따라서 2 ⊗ 3 = 2 ⊕ 2 ⊕ 2 = 6이 되는 것입니다. 다음의 시계 산술 곱셈 문제를 해결해 봅시다.

① $3 \otimes 3$	② $4 \otimes 2$
③ $12 \otimes 5$	④ $7 \otimes 8$
⑤ $13 \otimes 2$	⑥ $2 \otimes 25$

답을 확인해보면, '① 9, ② 8, ③ 12, ④ 8, ⑤ 2, ⑥ 2'입니다. 문제 해결을 쉽게 하기 위한 규칙은 어떤 것이 있습니까?

- 곱의 값이 12와 같거나 작을 때에는 자연수의 곱셈과 방법이 같습니다. 그래서 $3 \otimes 3 = 9$, $4 \otimes 2 = 8$이 됩니다. 또는 동수누가의 방법을 이용해 계산할 수도 있습니다. $3 \otimes 3 = 3 \oplus 3 \oplus 3 = 9$, $4 \otimes 2 = 4 \oplus 4 = 8$이 됩니다.
- 곱하는 수와 곱해지는 수 중 하나의 수가 12, 24, 36, …과 같이 12의 배수가 된다면 답은 12입니다. $12 \otimes 5 = 12 \oplus 12 \oplus 12 \oplus 12 \oplus 12 = 60$이고 이를 시계 산술의 값으로 바꾸면 12가 됩니다.
- 두 수의 곱이 12보다 클 때에는 어떻게 될까요?
  - 자연수의 곱셈처럼 계산한 후에 12를 빼면 됩니다. 만약 더하는 숫자가 클 때에는 12를 빼는 것을 여러 번 할 수도 있습니다. $7 \times 8 = 56$, $56 - 12 = 44$, $44 - 12 = 32$, $32 - 12 = 20$, $20 - 12 = 8$이므로 $7 \otimes 8 = 8$이 됩니다.
  - 여러 번 빼는 것이 번거롭다면 두 수의 곱을 12로 나눈 나머지를 구하는 방법도 있습니다. $7 \times 8 = 56$, $56 \div 12 = 4 \cdots 8$이므로 $7 \otimes 8 = 8$이 됩니다.
- 곱하는 두 수 중 한 수가 12보다 클 때에는 작은 수로 바꾸어 계산할 수 있습니다. 시계 산술에서 13은 1과 같습니다. '$13 \otimes 2$'에서 13을 1로 바꾸고 $1 \otimes 2 = 2$로 계산할 수 있습니다. 시계 산술에서도 곱셈에서의 교환법칙은 성립하므로 서로 자리를 바꾸어 곱해도 됩니다. '$2 \otimes 25$'에서 25를 1로 바꾸고 $2 \otimes 1 = 2$로 계산할 수 있습니다.

이제 알게 된 규칙을 이용해 시계 산술에서의 곱셈 문제를 해결해 봅시다.

① $5 \otimes 2$	② $3 \otimes 4$
③ $8 \otimes 12$	④ $11 \otimes 2$
⑤ $26 \otimes 7$	⑥ $9 \otimes 9$

답은 차례대로 '① 10, ② 12, ③ 12, ④ 10, ⑤ 2, ⑥ 9'입니다.

4 시계 산술-나눗셈

시계 산술에서 나눗셈 기호는 '⊕'입니다. '6⊕3'은 자연수의 나눗셈과 마찬가지로 6시간 안에 3시간이 몇 번 들어있냐는 뜻으로 이해하면 됩니다. 따라서 6⊕3 = 6 − 3 − 3 = 0이므로 답은 2가 됩니다. 하지만 시계 산술에서 6은 6, 18, 30, 42, …와 같습니다. 따라서 다른 답이 있는지 확인해야 합니다. 6⊕3 = 2, 18⊕3 = 6, 30⊕3 = 10이므로 답은 2, 6, 10이 됩니다. 다음의 시계 산술 나눗셈 문제를 해결해 봅시다.

① 10⊕2	② 12⊕4
③ 9⊕7	④ 4⊕8
⑤ 1⊕9	⑥ 12⊕12

답을 확인해보면, '① 5/11, ② 3/6/9/12, ③ 3, ④ 2/5/8/11, ⑤ 답 없음, ⑥ 1~12'입니다. 문제 해결을 하기 위한 규칙은 어떤 것이 있습니까?

- 자연수의 나눗셈과 같이 나누어떨어지고 몫이 12보다 작은 경우에는 자연수의 나눗셈과 방법이 같습니다. 그렇지만 시계 산술에서 10은 10, 22, 34, 46, …과 같습니다. 따라서 다른 답이 있을 수 있는지 확인해야 합니다. '10⊕2'의 경우 10⊕2 = 5이고 22⊕2, 34⊕2, 46⊕2, … 등의 식에서도 답이 더 있는지 확인해야 합니다. 22⊕2 = 11이므로 11도 답이 됩니다. 34⊕2 = 17이고 시계 산술에서 17 = 5이므로 답이 중복됩니다. 따라서 몫이 12가 넘지 않는 범위에서 답이 있는지를 확인해보아야 합니다. '12⊕4'의 경우 12⊕4 = 3, 24⊕4 = 6, 36⊕4 = 9, 48⊕4 = 12가 답이 됩니다.
- 자연수의 나눗셈으로 보아 나누어떨어지지 않는 경우라도 시계 산술의 특성상, 같은 시각이 되는 수를 넣어 답이 없는지를 확인해야 합니다. 자연수의 나눗셈으로 보면 9⊕7은 나누어떨어지지 않지만 9와 같은 21의 경우를 생각해보면 21⊕7 = 3이 되어 나누어떨어집니다. 따라서 9⊕7 = 3이 됩니다. 자연수의 나눗셈으로 보면 4⊕8도 나누어떨어지지 않지만 4와 같은 16, 40, 64, 88은 8로 나누어떨어집니다. 따라서 '4⊕8'의 경우 16⊕8 = 2, 40⊕8 = 5, 64⊕8 = 8, 88⊕8 = 11이 답이 됩니다.
- 나눗셈을 계산하기 위해 곱셈의 역연산을 이용해서 구할 수도 있습니다. 4⊕8 = □이고 8⊗□ = 4가 되는 수를 찾으면 됩니다. 8⊗□ = 16 = 40 = 64 = 88

이 되는 수를 찾으면 2, 5, 8, 11이 답이 됩니다.

- 1 ⊕ 9는 답이 없습니다. 시계 산술에서 1은 13, 25, 37, 49, 61, 73, 85, 97과 같은데, 이 중에서 9로 나누어떨어지는 수가 없습니다. 따라서 답이 없습니다.
- 12 ⊕ 12 시계 산술에서의 나눗셈은 1이라고 생각할 수 있지만 1~12까지 모두 답이 됩니다. 12 ⊕ 12의 경우에서 12는 12, 24, 36, …이 될 수 있으므로 12 ⊕ 12 = 1, 24 ⊕ 12 = 2, 36 ⊕ 12 = 3, …과 같이 되므로 답은 1~12까지 됩니다. 하지만 모든 같은 수끼리의 나눗셈의 답이 1~12가 되는 것은 아닙니다.

이제 알게 된 규칙을 이용해 시계 산술에서의 나눗셈 문제를 해결해 봅시다.

① 9 ⊕ 3	② 6 ⊕ 10
③ 5 ⊕ 11	④ 8 ⊕ 8

답은 차례대로 '① 3/7/11, ② 3/9, ③ 7, ④ 1/4/7/10'입니다.

Challenge

❶ 다음 시계 산술 문제를 해결하고, 그 의미를 이야기로 꾸며보시오.

① $48 \oplus 9$

② $7 \ominus 9$

③ $14 \otimes 5$

④ $6 \oplus\!\!\!\div 8$

| 참고문헌 |

서울특별시교육청(2009). 서울영재교육과정 초등수학.

http://m.blog.daum.net/sunny38/11722895# 앙구일부 사진출처

https://ko.wikipedia.org/wiki/%EC%9E%90%EA%B2%A9%EB%A3%A8 자격루

답안지

❶ ① $48 \oplus 9 = 0 \oplus 9 = 9$, 생략

② $7 \ominus 9 = 19 \ominus 9 = 10$, 생략

③ $14 \otimes 5 = 2 \otimes 5 = 10$, 생략

④ $6 \oslash 8 =$답 없음, 생략

12진법

12진법이란?

0부터 11까지의 12개의 숫자를 써서 12씩 한 묶음으로 하여 1자리를 올려가는 방법을 말합니다.

걸리버 여행기 속의 12진법

"왕국에 불이 났을 때 오줌으로 화재를 진압한 공을 높이 사 지금부터 걸리버는 우리 소인국의 국민으로 인정하는 바이다."

소인국 릴리퍼트 국왕은 자신들보다 열두 배나 큰 거인 걸리버를 풀어주라는 명령을 내린다. 걸리버는 소인국의 국민으로 인정받았고 300명의 요리사가 그에게 1728인분의 음식을 만들어줬다. 식사를 할 때에는 120명의 사람들이 시중을 들었다.

이는 영국의 작가 조나단 스위프트가 쓴 '걸리버 여행기(1726년)'의 일부분입니다. 왜 왕은 걸리버에게 1728인분의 식사를 만들어주도록 했을까요?

당시 영국에서는 12진법을 주로 이용했다고 합니다. 이야기 속에서 열두 배나 큰 거인인 걸리버라고 했기 때문에 걸리버의 부피에 맞추어 제공한 것입니다. 일반적으로 '물체의 부피=(밑면의 가로 길이)×(밑면의 세로 길이)×(높이)'이기 때문에 걸리버의 키에 비례하여 $12 \times 12 \times 12 = 1728$이라는 값이 나오므로 걸리버에게 1728인분의 식사를 제공한 것으로 볼 수 있습니다.

12진법 탐구

1 측정 단위 속의 12진법

• 1다스는 12개를 말하는 것으로 오늘날에도 연필은 10자루씩 묶지 않고 1다스인 12자루씩 묶어 셉니다. 유럽 사람들은 다스를 시간의 단위로 사용하기도 했습니다. 하루를 2다스의 시간으로, 1시간은 5다스의 분으로, 1분은 5다스의 초로 나타내었다고 합니다.

1다스= 12
1일= 24시간= 2다스의 시간
1시간= 60분= 60 ÷ 12 = 5다스의 분

• 1그로스(gross)는 12다스를 말하는 것으로 '총체'라는 영어에서 유래합니다. 1그로스의 연필은 12다스이므로 12다스×12자루= 144자루가 됩니다.
• 1인치는 약 2.54cm에 해당되는 길이로 12라인과 같습니다.
• 1피트= 12인치(약 30cm)
• 1실링= 12펜스
• 1파운드= 12온스(약 373g)

2 12진법을 10진법으로 나타내기

12진법 수는 0, 1, 2, 3, 4, 5, 6, 7, 8, 9, a(십진법수-10), b(십진법수-11)로 나타낼 수 있습니다.

10진법으로 나타낸 수를 12진법으로 나타내기 위해서는 10진법 수를 몫이 0이 될 때까지 계속 12로 나누어가면 됩니다. 그리고 나머지를 역순으로 읽으면 12진법 수가 됩니다. 1004를 12진법 수로 나타내는 방법을 살펴봅시다.

12) 1004
12) 83 … 8
6 … 11

따라서 $1004 = 6b8_{(12)}$가 됩니다. 역으로 $6b8_{(12)}$을 10진법 수로 바꾸어 확인해 봅시다. 2진법 수를 10진법 수로 바꾸는 것과 같이 12진법의 각 자리가 10진법 수에서 나타내는 값을 이용해서 쉽게 구할 수 있습니다. 12진법의 각 자릿값을 알아봅시다.

$$
\begin{array}{ccc}
6 & b & 8_{(12)} \\
\downarrow & \downarrow & \downarrow \\
12^2 & 12^1 & 12^0 \\
\parallel & \parallel & \parallel \\
144 & 12 & 1
\end{array}
$$

12^2보다 더 큰 자릿값은 얼마가 될까요? 12^3입니다. 각 자릿값은 12의 제곱수로 커지게 됩니다.

$$
\begin{aligned}
6b8_{(12)} &= 6\times12^2+11\times12^1+8\times12^0 \\
&= 864+132+8=1004
\end{aligned}
$$

다른 수도 이와 같은 방법으로 12진법 수를 10진법 수로, 10진법 수를 12진법 수로 나타낼 수 있습니다. 2299를 12진법 수로 나타내고, 12진법 수로 나타낸 수를 다시 10진법 수로 나타내어 정확하게 했는지 확인하여 봅시다.

$$
\begin{array}{r|l l}
12 & 2299 & \\ \hline
12 & 191 & \cdots 7 \\ \hline
12 & 15 & \cdots 11 \\ \hline
 & 1 & \cdots 3
\end{array}
\quad \uparrow
$$

$2299 = 13b7_{(12)}$이 됩니다. $13b7_{(12)}$을 다시 십진법 수로 바꾸어 봅시다.

$$
\begin{array}{cccc}
1 & 3 & b & 7_{(12)} \\
\downarrow & \downarrow & \downarrow & \downarrow \\
12^3 & 12^2 & 12^1 & 12^0 \\
\parallel & \parallel & \parallel & \parallel \\
1728 & 144 & 12 & 1
\end{array}
$$

$$
\begin{aligned}
13b7_{(12)} &= 1\times12^3+3\times12^2+11\times12^1+7\times12^0 \\
&= 1728+432+132+7=2299
\end{aligned}
$$

Challenge

❶ $2ba1_{(12)}$을 10진법 수로 바꾸어 보시오.

❷ 38439를 12진법 수로 바꾸어 보시오.

| 참고문헌 |

송혜영(2012). 진법에 대한 역사적 고찰과 활용, 영남대학교 교육대학원 석사학위논문.
웹진경제다반사기획팀(2012). 경제 다반사. 서울: 레디셋고.
유진희(2009). 수학사를 도입한 진법의 지도 연구. 건양대학교 교육대학원 석사학위논문.
사진출처-http://www.goodreads.com/book/show/2282543.Gulliver_s_Travels

답안지

❶

$$\begin{array}{cccc} 2 & b & a & 1_{(12)} \\ \downarrow & \downarrow & \downarrow & \downarrow \\ 12^3 & 12^2 & 12^1 & 12^0 \\ \| & \| & \| & \| \\ 1728 & 144 & 12 & 1 \end{array}$$

$$\therefore\ 2ba1_{(12)} = 2\times12^3+11\times12^2+10\times12^1+1\times12^0$$
$$=3456+1584+120+1=5161$$

❷

$$\begin{array}{r|rl} 12 & 38439 & \\ \hline 12 & 3203 & \cdots 3 \\ \hline 12 & 266 & \cdots 11 \\ \hline 12 & 22 & \cdots 2 \\ \hline & 1 & \cdots 10 \end{array}$$

$\therefore\ 38439 = 1a2b3_{(12)}$

암산

암산이란?

사전적인 의미로 계산기구를 이용하거나 필산(숫자를 써서 계산하는 방법)으로 하지 않고 머리로 계산하는 것을 의미합니다. 트레퍼스(Treffers, 1991)는 머리를 써서 하는 계산을 의미 즉, 암기하고 있는 지식, 산술 법칙에 대한 통찰을 비롯하여 수의 여러 가지 측면과 그 관계에 대한 통찰이 필요한 효율적인 계산으로 정의했고, 판덴 회벌-판하위전(van den Heuvel-Panhuizen, 2001)은 알고 있는 수 사이의 관계와 수의 특성 및 연산의 성질에 기초한 숙련되고 유연한 계산으로 암산을 정의했습니다.

신기한 인도수학

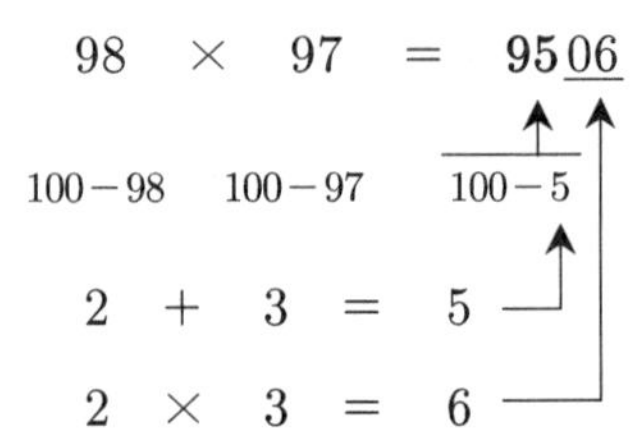

인도 사람들은 필산으로도 하기 힘든 곱셈을 암산으로 쉽게 구했습니다. $100-98$을 계산한 결과 2와 $100-97$을 계산한 결과 3을 이용하여 90단위의 두 수의 곱셈을 쉽게 해결했습니다. 2와 3을 더해 나온 수 5를 100에서 빼고 그 수를 앞의 두 자리에 쓰고 2와 3을 곱해 나온 수 6을 뒤의 두 자리에 적으며 답이 나옵니다.

암산 방법 탐구

1 덧셈 · 뺄셈 암산 방법

덧셈과 뺄셈에서의 암산을 보다 빠르게 하기 위해서는 10, 100, 1000 등의 보수를 이용하거나 수를 묶어 100, 1000 등으로 만들어 계산합니다.

① 보수를 이용하여 계산하기

더하거나 빼는 수가 10에 가까울 때 10의 보수를 이용하면 받아올림이나 받아내림 없이 편리하게 계산할 수 있습니다.

$$82+9=82+10-1=92-1=91$$
$$37-9=37-10+1=27+1=37$$

9는 10에 가까운 수입니다. 따라서 9에 대한 10의 보수인 1을 이용하여 수를 분해하면 10을 더한 뒤에 1을 더하거나 빼는 간단한 계산식이 됩니다. 이 방법은 100의 보수나 1000의 보수를 이용할 때에도 같습니다.

$$874+99=874+100-1=974-1=973$$
$$6250-980=6250-1000+20=5250+20=5270$$

100에 가까운 수를 더하거나 뺄 경우에는 100의 보수를 이용하면 100을 더한 뒤에 받아올림이나 받아내림 없이 수를 더하거나 빼는 간단한 계산식이 됩니다.

② 10, 100, 1000 등으로 묶어서 계산하기

세 수 이상의 덧셈, 뺄셈에서는 수 사이의 관계를 찾아 암산할 수 있습니다. 수를 묶어 10, 100, 1000으로 만들 수 있다면 암산은 훨씬 쉬워질 것입니다. 이 암산법에 익숙해지기 위해서는 꾸준히 수 사이의 관계에서 10, 100, 1000 등을 찾는 연습을 하여 수감각을 키울 필요가 있습니다.

아래 수에서 10이 되는 두 수를 찾아 짝지어봅시다. 주어진 수를 전부 짝짓는 데 얼마의 시간이 걸렸나요?

2	5	9	1	4	6	5	8

10이 되는 두 수를 짝짓는 것은 익숙한 일일 수도 있습니다. 그럼 100이 되는 두 수를 찾아 짝지어봅시다. 주어진 수를 전부 짝짓는 데 얼마의 시간이 걸렸나요?

72	35	92	28	44	56	65	8

100이 되는 두 수를 찾으려면 두 수 자체를 머릿속으로 계산하는 것도 좋지만 두 수의 십의 자리 숫자의 합이 9가 되고 두 수의 일의 자리 숫자의 합이 10이 되는 수를 찾는 것도 직관적으로 찾아낼 수 있는 방법입니다. 위의 수에서 72와 100이 되는 수는 십의 자리 숫자인 7과 더해 9가 되기 위해 십의 자리 숫자는 2가 되고, 일의 자리 숫자인 2와 더해 10이 되기 위해 일의 자리 숫자는 8이 되는 것입니다. 처음에는 100, 1000 등의 숫자로 두 수를 묶는 일은 쉽지 않을 수 있습니다. 하지만 이것이 자연스럽게 이루어진다면 좀 더 편리한 암산이 가능해질 것입니다.

아래 문제에서 두 수를 묶어 100이 되는 수를 찾아 암산하여 봅시다.

• 231 + 45 + 55

☞ 방법 : $231+45+55=231+\mathbf{45+55}=231+100=331$

• 712 + 88 + 69

☞ 방법 : $712+88+69=\mathbf{712+88}+69=800+69=869$

• 893 − 54 − 46

☞ 방법 : $893-54-46=893-\mathbf{54-46}=893-100=793$

2 곱셈 암산 방법

① 각 자릿수끼리 계산하기

곱하는 수가 한 자리 수인 간단한 곱셈의 경우는 각 자리 숫자의 값과 곱하는 수를 계산하고 그 값을 더하는 방법을 가장 쉽게 이용할 수 있습니다.

$$45\times2=(40\times2)+(5\times2)=80+10=90$$

$$123\times4=(100\times4)+(20\times4)+(3\times4)=400+80+12=492$$

② 보수를 이용하여 계산하기

곱셈의 암산은 10, 100에 가까운 수일 경우에, 10의 보수를 이용하여 암산이 편리한 10이나 100을 곱하고 더 곱해진 수만큼 빼는 방법입니다.

$$39 \times 2 = 40 \times 2 - 2 = 80 - 2 = 78$$
$$324 \times 99 = 324 \times 100 - 324 = 32400 - 324 = 32076$$

③ 10, 100, 1000 등으로 묶어서 계산하기

세 수 이상의 곱셈에서는 수 사이의 관계를 찾아 암산할 수 있습니다. 수를 곱하여 10, 100, 1000으로 만들 수 있다면 암산은 훨씬 쉬워질 것입니다. 따라서 두 수의 곱이 10, 100, 1000이 되는 몇 가지 경우만 익혀 둡시다.

- 10이 되는 곱셈식 : 2 × 5
- 100이 되는 곱셈식 : 4 × 25, 5 × 20
- 1000이 되는 곱셈식 : 2 × 500, 4 × 250, 8 × 125, 10 × 100, 20 × 50, 25 × 40

이제 이 곱셈식을 이용하여 세 수 이상의 곱셈식을 해결해봅시다.

$$53 \times 4 \times 25 = 53 \times (4 \times 25) = 53 \times 100 = 5300$$
$$76 \times 8 \times 125 = 76 \times (8 \times 125) = 76 \times 1000 = 76000$$

10, 100, 1000이 되는 곱셈식을 역으로 이용할 수도 있습니다. 10, 100, 1000이 되는 곱셈식에 속해 있는 두 수 중 한 개의 수가 포함된 경우에는 먼저 10, 100, 1000을 곱한 뒤 나머지 수만큼 나누어 주면 됩니다.

$$96 \times 25 = 96 \times 100 \div 4 = 9600 \div 4 = 2400$$
$$48 \times 125 = 48 \times 1000 \div 8 = 48000 \div 8 = 6000$$

④ 제곱수 계산하기

수가 크지 않은 제곱수는 직접 계산하지 않고도 간단하게 계산할 수 있습니다. 12×12의 곱셈식을 봅시다.

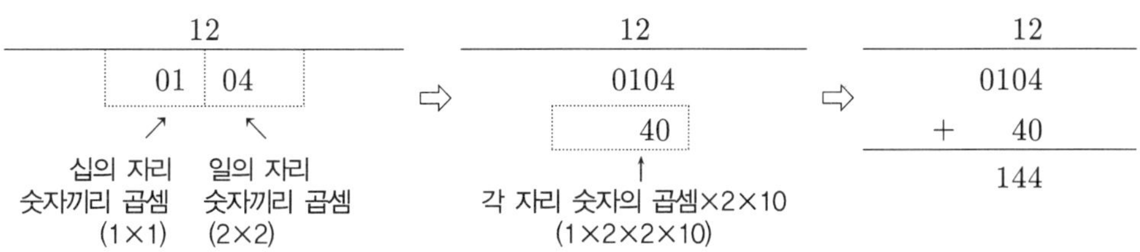

이는 $(10a+b)\times(10a+b)=100a^2+10\times2ab+b^2$이므로 10의 자리 수 a를 두 번 곱해서 쓰고, 1의 자리 수 b를 두 번 곱해 쓴 값에 각 자리 숫자의 곱에 2배를 한 값에 10을 곱하여 더한 것과 같습니다.

3 나눗셈 암산 방법

① 나누는 수를 10, 100, 1000 등으로 묶어서 계산하기

연속된 나눗셈의 경우 나누는 수를 10, 100, 1000 등으로 묶어 계산하면 편리합니다.

$$3290\div2\div5=3290\div(2\times5)=3290\div10=329$$
$$7800\div4\div25=7800\div(4\times25)=7800\div100=78$$

② 나누는 수가 같은 나눗셈 계산하기

나누는 수가 같은 나눗셈의 경우에는 나눗셈식을 두 번 계산할 필요없이 나눗셈이 연결된 두 식의 나누어지는 수를 먼저 계산한 후 나누는 수로 나누어주면 됩니다.

$$32\div2+54\div2=(32+54)\div2=86\div2=43$$
$$69\div3-45\div3=(69-45)\div3=24\div3=8$$

③ 나누는 수를 10, 100, 1000 등으로 만들어 계산하기

나누는 수의 몇 배가 10, 100, 1000이 되는 나눗셈의 경우에는 곱해서 10, 100, 1000이 되는 수를 나누어지는 수에도 곱한 다음 계산하면 됩니다.

$$375\div25=375\times4\div100=1500\div100=15$$
$$2875\div125=2875\times8\div1000=23000\div1000=23$$

Challenge

❶ $512+98$

❷ $274-99$

❸ $482+29+71$

❹ 47×25

❺ $275\div25$

❻ 96×95

| 참고문헌 |

최지영(2002). 초등학교 수학 교과서에 나타난 약수와 배수 지도방법에 대한 분석. 서울교육대학교 교육대학원 석사학위논문.

한국교육개발원(1998). 재미있는 수의 세계.

답안지

❶ $512+98=512+100-2=612-2=610$

❷ $274-99=274-100+1=174+1=175$

❸ $482+29+71=482+100=582$

❹ $47\times 25=47\times 100\div 4=4700\div 4=1175$

❺ $275\div 25=275\times 4\div 100=1100\div 100=11$

❻ $96 \times 95 = 91\underline{20}$

$100-96 \quad 100-95 \quad 100-9$

$4+5=9$

$4\times 5=20$

어림과 어림셈

어림셈이란?

어림은 정확한 크기, 양 또는 수에 대한 근사적 의견을 형성하는 것으로, 실생활에서 필요한 양이나 수 등을 직접적이고 직관적으로 판단하는 기술입니다. 수학에서 어림이란 값, 양, 크기, 무게에 대해 합리적인 추측으로 실제 값에 가까운 타당한 값을 결정하여 수 세기 혹은 측정 문제를 해결하는 과정입니다. 즉, 어림은 주어진 상황에 적절한 값을 구하는 활동이라 할 수 있습니다.

생활 속에서 사용하는 어림셈

어림은 우리 생활 속에서 다양하게 이용되고 있습니다. 어림을 이용하는 이유 중 하나는 편리성 때문인데, 일을 간략화하거나 경제적으로 하기 위해 어림을 사용할 수 있습니다. 문제집 한 장을 푸는 데 걸리는 시간을 통해 다섯 장을 푸는 데 걸리는 시간을 어림할 수도 있고, 어느 장소까지 가는 데 걸리는 시간을 통해 거리를 어림할 수도 있습니다. 또는 890원짜리 지우개 1개와 950원짜리 연필 1개를 사고 2000원을 내고 거스름돈을 받는 것도 어림셈을 이용한 것입니다. 만약 어림셈을 이용하지 않는다면 '890+950'을 계산하는 수고를 해야 할 것입니다.

'어림 반 푼어치도 없다'라는 표현에서 어림은 '대강 짐작하다'의 뜻으로 1냥=100푼이므로 반 푼은 아주 적은 돈을 의미합니다. 따라서 대강 보아도 아주 적은 가치도 없다는 뜻으로 '터무니없다'는 뜻이 됩니다.

어림하기 탐구

1 올림

구하려는 자리 미만의 수를 올려서 나타내는 방법을 올림이라고 합니다. 1234를 십의 자리까지 나타내기 위해서 일의 자리 숫자 4를 10으로 보고 1240으로 나타낼 수 있습니다. 1234를 백의 자리까지 나타내기 위해서는 십의 자리 숫자 3을 100으로 보고 1300으로 나타낼 수 있습니다. 물건이 여러 개 묶음으로 되어 있는 경우, 가게에서 물건을 사고 거스름돈을 받는 경우 등 우리는 생활 속 다양한 상황에서 올림을 사용하고 있습니다.

- 앞에 제시한 상황을 문제로 만들어 살펴봅시다. 민석이는 890원짜리 지우개 1개와 950원짜리 연필 1개를 사려고 합니다. 1000원짜리로 얼마를 내면 됩니까?

  ☞ 이 경우에는 물건을 사고 물건값보다 적은 돈을 낼 수 없으므로 올림을 해야 합니다. 물건이 두 가지이므로 각각의 물건값을 올림하여 생각하면 됩니다. 890원은 1000원으로, 950원도 1000원으로 백의 자리에서 올림하여 나타낼 수 있으므로 2000원을 내고 거스름돈을 받아야 하는 것입니다.

- 수빈이는 반 친구 24명에게 사탕 한 개씩을 주려고 합니다. 사탕은 10개씩 한 통에 담겨 있습니다. 수빈이가 반 친구 모두에게 사탕을 1개씩 나누어주려면 몇 개를 사야 합니까?

  ☞ 수빈이가 두 통을 사면 사탕 20개를 사는 것이 되고 4명의 친구가 받을 수 없습니다. 따라서 수빈이는 사탕 세 통, 즉 30개를 사야 합니다. 이 경우에는 십의 자리 미만을 올림한 30개가 되는 것입니다.

2 버림

구하려는 자리 미만의 수를 버려서 나타내는 방법을 버림이라고 합니다. 4762를 십의 자리까지 나타내기 위해서 일의 자리 숫자 2를 0으로 보고 4760으로 나타낼 수 있습니다. 4762를 백의 자리까지 나타내기 위해서는 백의 자리 미만인 62를 0으로 보고 4700으로 나타낼 수 있습니다. 동전을 은행에서 지폐로 바꾸는 경우, 물건을 상자에 담을 수 있는 경우 등 우리는 생활 속 다양한 상황에서 버림을 사용하고 있습니다.

• 지우는 저금통에 100원짜리 동전을 가득 모았습니다. 뜯어서 세어보니 동전은 235개였습니다. 은행에 가서 지폐로 바꾼다면 얼마까지 바꿀 수 있습니까?

☞ 지우가 저금통에 모은 돈은 23500원입니다. 그런데 지폐로는 1000원까지 바꿀 수 있습니다. 따라서 천의 자리 미만은 0으로 보고 버림을 해야 합니다. 즉, 500원은 지폐로 바꿀 수 없기 때문에 지폐로 바꿀 수 있는 돈은 모두 23000원입니다.

• 핀 한 개를 만드는 데 리본끈 1m가 필요합니다. 수정이는 끈 387cm가 있습니다. 수정이가 만들 수 있는 핀은 몇 개입니까?

☞ 1m는 100cm이므로 백의 자리 미만은 버림해야 합니다. 따라서 수정이가 가지고 있는 끈 387cm 중에서 87cm는 사용할 수 없으므로 0으로 보고 300cm를 이용해 핀 세 개를 만들 수 있습니다.

3 반올림

구하려는 자리 바로 아래 자리의 숫자가 0, 1, 2, 3, 4일 때는 버림을 하고, 5, 6, 7, 8, 9일 때는 올림을 하는 방법이 반올림입니다. 9251을 일의 자리에서 반올림하면 일의 자리 숫자가 1이므로 버림을 해서 9250으로 나타낼 수 있습니다. 십의 자리에서 반올림하면 십의 자리 숫자가 5이므로 올림을 해서 9300으로 나타낼 수 있습니다. 야구장 입장객 수를 나타낼 때, 영화관 관객수를 나타낼 때 등 큰 수를 보다 정확하게 어림할 때 반올림을 사용합니다.

• 2010년 통계청 자료에 의하면 우리나라 총인구는 47,990,761명입니다. 우리나라 인구를 몇 천만 명이라고 할 수 있습니까?

☞ 몇 천만 명인지 구해야 하므로 백만의 자리에서 반올림해야 합니다. 백만의 자리가 7이므로 반올림하여 우리나라 총인구는 5천만 명입니다.

• 토요일 토끼 동산에 입장한 관람객수는 1807명입니다. 토요일에 입장한 관람객 수는 모두 몇 백명입니까?

☞ 몇 백명인지 구해야 하므로 십의 자리에서 반올림해야 합니다. 십의 자리 숫자가 0이므로 버림하여 토끼 동산에 입장한 관람객 수는 1800명이 됩니다.

어림셈 전략 탐구

1 끝수처리(rounding) 전략

수의 전부 또는 부분을 계산하기 쉬운 어림값을 갖는 수로 반올림, 올림, 버림한 후 그 수를 가지고 계산하는 전략입니다. 특히 곱셈에서 아주 효율적인 전략입니다.

- '38 × 41'을 끝수처리 전략으로 어림하기
  ① 38 → 40(올림), 41 → 40(버림)으로 끝수처리
  ② $40 \times 40 = 1600$
  ③ 어림값은 약 1600

- '31 × 52'을 끝수처리 전략으로 어림하기
  ① 31 → 30(버림), 52 → 50(버림)으로 끝수처리
  ② $30 \times 50 = 1500$
  ③ 둘 다 버림하였으므로 어림값은 1500이 더 됨

- '29 × 48'을 끝수처리 전략으로 어림하기
  ① 29 → 30(올림), 48 → 50(올림)으로 끝수처리
  ② $30 \times 50 = 1500$
  ③ 둘 다 올림하였으므로 어림값은 1500이 조금 못 됨

2 왼쪽-오른쪽(front-end) 전략

왼쪽-오른쪽 전략은 지필 계산의 원리와는 상반되는 전략으로 자릿값이 높은 자리에서 낮은 자리로 내려가면서 계산하는 방법을 말합니다. 이 전략은 정수, 분수, 소수의 사칙연산에서 모두 적용할 수 있는 유용한 방법입니다.

- '231 + 527'을 왼쪽-오른쪽 전략으로 어림하기
  ① $200 + 500 = 700$
  ② 31은 30에 가깝고 27은 30에 가까우므로 $30 + 30 = 60$
  ③ 따라서 어림값은 약 760

- '295 × 7'을 왼쪽-오른쪽 전략으로 어림하기
  ① $200 \times 7 = 1400$

② $90 \times 7 = 630$

③ 따라서 어림값은 약 2030보다 크다.

- '325 - 158'을 왼쪽-오른쪽 전략으로 어림하기

① $300 - 100 = 200$

② 58이 25보다 크다.

③ 따라서 어림값은 약 200보다 작다.

3 특별한 수(special number) 전략

특별한 수 전략은 암산하기 쉬운 특별한 수를 찾아내어 어림셈하는 방법입니다. 일반적으로 특별한 수에는 10의 거듭제곱(10, 100, 1000 등)이나 분수나 소수의 경우 1에 가까운 수 등이 있습니다. 이 전략은 분수와 소수의 계산에서 효율적으로 이용할 수 있습니다.

- '$\frac{7}{8} + \frac{10}{11}$'을 특별한 수 전략으로 어림하기

① $\frac{7}{8}$과 $\frac{10}{11}$은 1에 가까운 수

② $1 + 1 = 2$

③ 따라서 어림값은 약 2

- '726의 $\frac{5}{11}$'를 특별한 수 전략으로 어림하기

① $\frac{5}{11}$는 $\frac{1}{2}$에 가까운 수

② $726 \times \frac{1}{2} = 363$

③ 따라서 어림값은 약 363

- '1295의 11.02%'를 특별한 수 전략으로 어림하기

① 11.02%는 10%에 가까운 수

② $1295 \times 0.1 = 129.5$

③ 따라서 어림값은 약 129

4 조화수(compatible number) 전략

조화수 전략은 쉽게 짜 맞출 수 있는 즉, 쉽게 암산을 할 수 있는 수를 대상으로 사용하는 전략입니다. 조화수 전략은 문제에 있는 수를 계산하기 쉬운 수로 바꾸거나 끝수처리하여 다른 수와 쉽게 계산할 수 있도록 하는 전략입니다. 이 전략은 덧셈에서도 종종 쓰이나 나눗셈에서 효율적으로 사용됩니다.

- '15 + 38 + 64 + 86'을 조화수 전략으로 어림하기
  ① 두 수의 합이 약 100이 되는 수 찾기
  ② $15+86$, $38+64$는 어림값이 약 100
  ③ 따라서 어림값은 약 200

- '365 ÷ 7'을 조화수 전략으로 어림하기
  ① 피제수와 제수를 가장 가까운 수로 바꾸어 나누어떨어질 수 있는 적당한 수 찾기
  ② $350 \div 7$은 쉽게 나누어떨어짐
  ③ 따라서 어림값은 약 50

- '$\frac{4}{9} \times 54\frac{1}{2}$'을 조화수 전략으로 어림하기
  ① $54\frac{1}{2}$를 $\frac{4}{9}$와 계산하기 쉽도록 54로 어림
  ② $\frac{4}{9} \times 54 = 24$로 쉽게 계산됨
  ③ 따라서 어림값은 약 24

5 군집(clustering) 전략

군집 전략은 묶어서 어림하는 방법으로 하나의 수치 주위에 다른 수들이 집중되어 있을 때, 각각의 주어진 양을 하나의 집단으로 보고 묶어 대푯값으로 처리하는 전략입니다. 우리가 종종 일상생활에서 직면하게 되는 문제 상황에 적합하게 쓰입니다.

- '박람회 참석자 수'를 군집 전략으로 어림하기

월요일	화요일	수요일	목요일	금요일
4832명	5106명	5372명	4804명	5077명

① 5일간 영화관객수의 평균값을 어림하면 약 5000명

② 5000명×5일= 25000명

③ 따라서 어림값은 약 25000명

• '영화관객수'를 군집 전략으로 어림하기

개봉 첫날	개봉 둘째 날	개봉 셋째 날	개봉 넷째 날	개봉 다섯째 날	개봉 여섯째 날	개봉 일곱째 날
16만 명	32만 명	34만 명	37만 명	26만 명	29만 명	29만 명

① 일주일간 영화관객수의 평균값을 어림하면 약 30만 명

② 30만×7일= 210만명

③ 따라서 어림값은 약 210만명

Challenge

❶ 생활 속에서 올림, 버림, 반올림이 사용되는 경우를 한 가지씩 만들고 해결해 보시오.

1) 올림

2) 버림

3) 반올림

❷ 다음 어림셈을 어림셈 전략을 사용하여 어림해 보시오.

1) '$7\frac{1}{9}+3\frac{3}{4}$'을 어림셈 전략을 사용하여 어림해 보시오.

2) '$1.83-0.41$'을 어림셈 전략을 사용하여 어림해 보시오.

| 참고문헌 |

교육부(2014). 초등학교 3-4학년군 수학 4-2 교사용 지도서.
김용태(2010). 초등수학교육신서. 교우사.
남승인 외 6(2008). 수학을 어떻게 가르칠 것인가?. 경문사.

답안지

❶ 1) 연우의 발 길이는 234mm입니다. 연우가 사고 싶은 신발의 사이즈는 10mm단위로 만든다고 할 때, 연우는 몇 mm의 신발을 사서 신어야 합니까?

☞ 신발은 작게 신을 수 없으므로 올림하여 신발 사이즈를 정해야 합니다. 신발은 10mm단위로 나오기 때문에 일의 자리에서 올림하여 240mm 신발을 사야 합니다.

2) 장난감 상자에는 완성된 장난감 10개씩 넣을 수 있습니다. 오늘 생산한 장난감은 536개입니다. 상자에 넣을 수 있는 장난감은 몇 개입니까?

☞ 10개씩 상자에 담을 수 있으므로 일의 자리에서 버림해야 합니다. 따라서 일의 자리 숫자인 6을 0으로 보고 530개를 상자에 담을 수 있습니다.

3) 주말 동안 놀이공원 입장객 수는 65825명입니다. 주말 동안 놀이공원을 찾은 입장객 수는 모두 몇 천명입니까?

☞ 가장 가까운 값을 어림하기 위해서 백의 자리에서 반올림해야 합니다. 백의 자리 숫자가 8이므로 반올림하여 주말동안 놀이공원을 찾은 입장객 수는 66000명이 됩니다.

❷ 1) $7\frac{1}{9} + 3\frac{3}{4}$

① $7\frac{1}{9}$은 7에 가까운 수, $3\frac{3}{4}$은 4에 가까운 수

② $7+4=11$

③ 따라서 어림값은 약 11

2) $1.83-0.41$

① 1.83은 2에 가까운 수, 0.41은 0.5에 가까운 수

② $2-0.5=1.5$

③ 따라서 어림값은 약 1.5

완전수 · 과잉수 · 부족수

완전수 · 과잉수 · 부족수란?

완전수(完全數, perfect number)는 자기 자신을 제외한 나머지 약수들의 합이 자신과 같아지는 수를 말합니다. 이때 나머지 약수를 '진약수(proper divisor)'라고 합니다. 과잉수(過剩數, abundant number)는 자기 자신을 제외한 모든 약수의 합이 자기 자신보다 큰 수를 말합니다. 부족수(不足數, deficient number)는 자기 자신을 제외한 모든 약수의 합이 자기 자신보다 작은 수를 말합니다. 예를 들어, 6은 6을 제외한 나머지 약수인 1, 2, 3을 합하여 6이 되므로 완전수입니다. 또한 6은 완전수 중에서 첫 번째 수입니다. 12는 약수 1, 2, 3, 4, 6, 12에서 $1+2+3+4+6>12$이므로 과잉수입니다. 9는 약수 1, 3, 9에서 $1+3<9$이므로 부족수입니다. 부분(진약수)으로부터 전체(자기 자신)를 만들어 낼 수 있는 완전수는 찾기가 쉽지 않았다는 점에서 피타고라스학파에서 매우 신성하게 생각했다고 합니다.

피타고라스와 수

피타고라스(Pythagoras, 기원전 580년 경~기원전 490년 경)는 그리스 철학자이자 피타고라스학파라 불린 종교 단체의 교주입니다. 피타고라스는 자연계에서의 수의 역할을 중요시하여 "만물은 수이다"라 하고, 계산 기술이 아닌, 수 자체의 성질을 연구하는 정수론(산술)을 연구했습니다.

그는 자연수의 성질 중 간단한 것, 아름다운 것, 조화가 잡힌 것이라 생각되는 것에 이름을 붙였는데, 예를 들면, 홀수, 짝수, 소수, 서로소인 수, 과잉수, 완전수, 부족수, 친화수 등과 같은 것이 있습니다. 피타고라스학파는 수를 도형과도 결부시켰습니다. 그 개수만큼 점을 써서 배열할 때, 1, 3, 6, 10, …과 같이 정삼각형으로 배열할 수 있는 수들을 삼각수(三角數, triangle numbers), 1, 4, 9, 16, …과 같이 정사각형으로 배열할 수 있는 수들을 사각수(四角數, square numbers)라 불렀습니다. 이와 같은 형상수(形象數, figulate number) 또는 도형수의 연구는 뒤에 정수론 연구에 큰 영향을 주었습니다.

완전수·과잉수·부족수 탐구

1 완전수의 특징

6 다음에 나오는 완전수를 순서대로 적으면 28, 496, 8128, 33550336, 8589869056, … 입니다. 여섯 번째 완전수가 10억 자리 수인 것을 보면, 완전수를 찾기가 쉽지 않았음을 짐작할 수 있습니다. 그리스의 수학자 니코마코스(Nicomachus)는 1세기에 저술한 책 '산학의 연구(Introductio Arithmeticae)'에서 완전수로 알려진 네 개의 수를 아래와 같이 나열했습니다.

P1 = 6 = 1 + 2 + 3

P2 = 28 = 1 + 2 + 4 + 7 + 14

P3 = 496 = 1 + 2 + 4 + 8 + 16 + 31 + 62 + 124 + 248

P4 = 8128 = 1 + 2 + 4 + 8 + 16 + 32 + 64 + 127 + 254 + 508 + 1016 + 2032 + 4064

네 개의 완전수를 통해 발견할 수 있는 특징을 살펴보면 다음과 같습니다.

(1) 완전수는 짝수입니다.

(2) 완전수의 일의 자리 수는 6과 8이 반복됩니다.

(3) n번째 완전수의 자릿수는 n자리입니다.

(4) 6을 제외한 완전수의 자릿수 근(digital root)은 1입니다.

P2 = 28 ▶ 2 + 8 = 10 → 1 + 0 = 1

P3 = 496 ▶ 4 + 9 + 6 = 19 → 1 + 9 = 10 → 1 + 0 = 1

P4 = 8128 ▶ 8 + 1 + 2 + 8 = 19 → 1 + 9 = 10 → 1 + 0 = 1

* 자릿수 근(digital root) : 10진법으로 표시한 자연수의 각 자리 숫자를 더하는 것을 반복하여 얻은 한 자리 수를 말합니다. 이는 9로 나눈 나머지와 같습니다.
예) 12345의 자릿수 근은 1+2+3+4+5=15 → 1+5=6이고, 12345÷9=1371…6

(5) 모든 약수의 역수의 합은 항상 2입니다.

P1 = 6 ▶ $1+\frac{1}{2}+\frac{1}{3}+\frac{1}{6}=\frac{6+3+2+1}{6}=2$

P2 = 28 ▶ $1+\frac{1}{2}+\frac{1}{4}+\frac{1}{7}+\frac{1}{14}+\frac{1}{28}=\frac{28+14+7+4+2+1}{28}=2$

P3 = 496 ▶ $1+\frac{1}{2}+\frac{1}{4}+\frac{1}{8}+\frac{1}{16}+\frac{1}{31}+\frac{1}{62}+\frac{1}{124}+\frac{1}{248}+\frac{1}{496}$

$=\frac{496+248+124+62+31+16+8+4+2+1}{496}=2$

P4 = 8128 ▶ $1+\frac{1}{2}+\frac{1}{4}+\frac{1}{8}+\frac{1}{16}+\frac{1}{32}+\cdots+\frac{1}{1016}+\frac{1}{2032}+\frac{1}{4064}+\frac{1}{8128}$

$=\frac{8128+4064+1016+\cdots+32+16+8+4+2+1}{8128}=2$

(6) 완전수는 연속되는 자연수의 합으로 나타낼 수 있습니다. 즉, 완전수는 삼각수입니다.

P1 = 6 ▶ $1+2+3$

P2 = 28 ▶ $1+2+3+4+5+6+7$

P3 = 496 ▶ $1+2+3+4+5+6+7+8+9+\ldots+30+31$

P4 = 8128 ▶ $1+2+3+4+5+6+7+8+9+\ldots+126+127$

(7) 6을 제외한 완전수는 연속하는 홀수의 세제곱의 합으로 나타낼 수 있습니다.

P2 = 28 ▶ 1^3+3^3

P3 = 496 ▶ $1^3+3^3+5^3+7^3$

P4 = 8128 ▶ $1^3+3^3+5^3+7^3+9^3+11^3+13^3+15^3$

완전수 문제는 아직까지도 미해결과제로 남아있고 지금도 찾고 있는 중입니다. 수학자 오일러가 $2^{n-1}\times(2^n-1)$(단, n은 소수)은 완전수가 됨을 증명했는데, 여기서 2^n-1은 메르센 소수이므로 현재까지 찾은 완전수는 메르센 소수를 찾은 것과 같고 이로 인해 메르센 소수를 찾는 것이 큰 의미를 지닙니다. 현재까지 발견된 완전수는 모두 46개가 알려져 있는데, 그중 가장 큰 완전수는 $2^{43112608}\times(2^{43112609}-1)$이며 25,956,377자리의 수입니다. 천만까지의 수 가운데에는 6, 28, 496, 8128의 네 개의 완전수만 존재합니다.

현재까지 발견된 완전수는 다음과 같습니다.

〈현재까지 발견된 완전수〉	〈자릿수〉
P1 ▶ $2^1 \times (2^2-1)$ = 6	1
P2 ▶ $2^2 \times (2^3-1)$ = 28	2
P3 ▶ $2^4 \times (2^5-1)$ = 496	3
P4 ▶ $2^6 \times (2^7-1)$ = 8128	4
P5 ▶ $2^{12} \times (2^{13}-1)$ = 33550336	8
P6 ▶ $2^{16} \times (2^{17}-1)$ = 8589869056	10
P7 ▶ $2^{18} \times (2^{19}-1)$ = 137430691328	12
P8 ▶ $2^{30} \times (2^{31}-1)$ = 2305843008139952128	19
……	…
P44 ▶ $2^{32582656} \times (2^{32582657}-1)$ = 생략 (2006년 발견)	19616714
P45 ▶ $2^{37156666} \times (2^{37156667}-1)$ = 생략 (2008년 발견)	22370543
P46 ▶ $2^{43112608} \times (2^{43112609}-1)$ = 생략 (2008년 발견)	25956377

홀수인 완전수는 지금까지 하나도 발견되지 않았습니다. 또한 완전수가 무한히 존재하는지의 여부도 밝혀지지 않고 있습니다.

2 과잉수와 부족수

과잉수와 부족수는 무수히 많이 존재하는데, 1부터 30까지의 수를 '완전수', '과잉수', '부족수'로 분류해보면 아래 표와 같습니다.

수	진약수	합	분류	수	진약수	합	분류
1	1	1	부족수	16	1, 2, 4, 8	15	부족수
2	1	1	부족수	17	1	1	부족수
3	1	1	부족수	18	1, 2, 3, 6, 9	21	과잉수
4	1, 2	3	부족수	19	1	1	부족수
5	1	1	부족수	20	1, 2, 4, 5, 10	22	과잉수
6	1, 2, 3	6	완전수	21	1, 3, 7	11	부족수
7	1	1	부족수	22	1, 2, 11	14	부족수
8	1, 2, 4	7	부족수	23	1	1	부족수
9	1, 3	4	부족수	24	1, 2, 3, 4, 6, 8, 12	36	과잉수
10	1, 2, 5	8	부족수	25	1, 5	6	부족수
11	1	1	부족수	26	1, 2, 13	16	부족수
12	1, 2, 3, 4, 6	16	과잉수	27	1, 3, 9	13	부족수
13	1	1	부족수	28	1, 2, 4, 7, 14	28	완전수
14	1, 2, 7	10	부족수	29	1	1	부족수
15	1, 3, 5	9	부족수	30	1, 2, 5, 6, 15	29	부족수

과잉수를 작은 순서대로 나열하면 12, 18, 20, 24, 30, 36, 40, 42, 48, 54, 56, 60, 66, 70, 72, 78, 80, 84, 88, 90, 96, 100, 102, ⋯ 등이 있습니다.

과잉수의 특징을 정리하면 다음과 같습니다.

(1) 홀수 과잉수 중 가장 작은 수는 945입니다. 과잉수의 배수도 과잉수이므로 짝수든 홀수든 과잉수는 무수히 많이 있습니다.

(2) 자연수 중 과잉수의 점근 밀도(Asymptotic Density)는 0.2474에서 0.2480 사이로 알려져 있습니다. 쉽게 말하면 자연수 100개 중 과잉수가 약 25개 존재한다는 뜻입니다.

(3) 20161보다 큰 모든 정수는 두 개의 과잉수의 합으로 표현할 수 있습니다.

(4) 어떤 수의 진약수의 합이 그 어떤 수보다 1만큼 커지는 과잉수를 '준완전수'라고 하는데 아무도 찾지 못했습니다. 그리고 이 사실은 증명되지도 않았습니다.

부족수를 작은 순서대로 나열하면 1, 2, 3, 4, 5, 7, 8, 9, 10, 11, 13, 14, 15, 16, 17, 19, 21, 22, 23, 25, 26, 27, 29, 31, ⋯ 등이 있습니다.

부족수의 특징은 다음과 같습니다.

(1) 모든 소수는 진약수가 1뿐이므로 부족수입니다.

(2) 5 이상인 소수의 두 배는 항상 부족수입니다. 왜냐하면, $p \geq 5$인 소수 p에 대해 $2p$의 진약수는 1, 2, p이므로 $1+2+p < 2p$가 되기 때문입니다.

(3) 소수는 무수히 많기 때문에 부족수도 무수히 많이 있습니다.

Challenge

❶ 다음의 수가 완전수인지 과잉수인지 부족수인지 판단하시오.

① 6 → (　　　　)

② 18 → (　　　　)

③ 28 → (　　　　)

④ 35 → (　　　　)

⑤ 100 → (　　　　)

⑥ 152 → (　　　　)

⑦ 1000 → (　　　　)

⑧ 8128 → (　　　　)

| 참고문헌 |

사이먼 싱(2014). 페르마의 마지막 정리. 서울: 영림카디널.

사진출처

https://ko.wikipedia.org/wiki/%ED%94%BC%ED%83%80%EA%B3%A0%EB%9D%BC%EC%8A%A4

답안지

❶ ① 완전수
② 과잉수
③ 완전수
④ 부족수
⑤ 과잉수
⑥ 부족수
⑦ 과잉수
⑧ 완전수

2진법

2진법이란?

0과 1 두 종류의 숫자로 모든 수를 나타내며, 2를 기수로 하는 수 표현 방법으로 컴퓨터와 같이 기계로 수를 다룰 때 가장 빠른 방법입니다.

2진법을 창안한 라이프니츠

모든 수를 0과 1만으로도 표현할 수 있는 2진법을 발명한 사람은 독일의 수학자 라이프니츠(Gottfried Wilhelm von Leibniz; 1646~1716)입니다. 그는 수학적 사고에 있어 서로 정반대되는 분석적인 영역과 조합적인 영역 모두를 갖춘 최초의 학자로 평가되는데 이러한 사고력을 갖는 학자는 라이프니츠 후에도 나타나기 힘들 것이라고 말할 정도로 다재다능한 천재였다고 합니다.

라이프니츠는 당시에 대립하고 있던 기독교의 신교와 구교를 재결합하려고 노력하기도 하였는데, 0과 1의 2진법을 발명했을 때, 그는 0은 아무것도 없는 '무(無)'를 나타내고 1은 '신(神)'을 나타낸다고 생각하였습니다. 왜냐하면 2진법에서 0과 1로 모든 수를 표현할 수 있는 것과 같은 신은 무로부터 모든 것을 창조했다고 생각했기 때문입니다. 하지만 당시에는 2진법의 단순함과 우아함에도 불구하고 별로 인기를 끌지 못하였는데 컴퓨터 시대를 맞이하면서 2진법이 꽃을 피우게 되었습니다.

복잡한 일도 척척 해내는 컴퓨터의 모든 명령어는 2진수로 만들어져 있습니다. 신호가 오면 1, 오지 않으면 0인 것입니다. 컴퓨터의 이러한 연산 작업은 1초에 수백만 번이 이루어지는데 이는 단순한 2진법을 사용함으로써 가능한 것입니다.

2진법 탐구

1 바코드 속의 2진법

물건의 포장 뒷면에서 쉽게 발견할 수 있는 바코드는 물건에 대한 정보를 기계가 인식하기 쉽도록 만들어 놓은 표시라고 할 수 있습니다. 바코드는 1948년 미국 필라델피아 드렉셀 공과대학의 대학원생인 버나드 실버(Bernard Silver)에 의해 시작되었고, 1952년 우드랜드(Norman Joseph Woodland)에 의해 현재의 모양으로 갖추어지게 되었습니다. 바코드 체계의 핵심은 2진법입니다. 기본적인 막대 모양과 여백으로 나타나는 바코드는 정보를 2진 코드로 부호화하며 0과 1을 나타내는 직렬신호의 조합으로 표현합니다.

바코드

기존의 바코드는 기본적으로 가로 배열에 최대 20여 자의 숫자 정보만 넣을 수 있는 1차원적 구성이지만, QR코드는 가로, 세로를 활용하여 숫자는 최대 7,089자, 문자는 최대 4,296자, 한자도 최대 1,817자 정도를 기록할 수 있는 2차원적 구성입니다. 때문에 바코드는 특정 상품명이나 제조사 등의 정보만 기록할 수 있었지만, QR코드에는 긴 문장의 인터넷 주소(URL)나 사진 및 동영상 정보, 지도 정보 등 다양한 정보를 담을 수 있습니다. 최근에는 QR코드가 기업의 중요한 홍보/마케팅 수단으로 통용되면서 온/오프라인을 걸쳐 폭넓게 활용되고 있습니다.

QR 코드

QR코드도 0과 1 비트의 배열로 Black과 White 모듈을 인식하는 2진법의 체계를 가지고 있습니다.

2 2진법으로 만들어진 천공카드

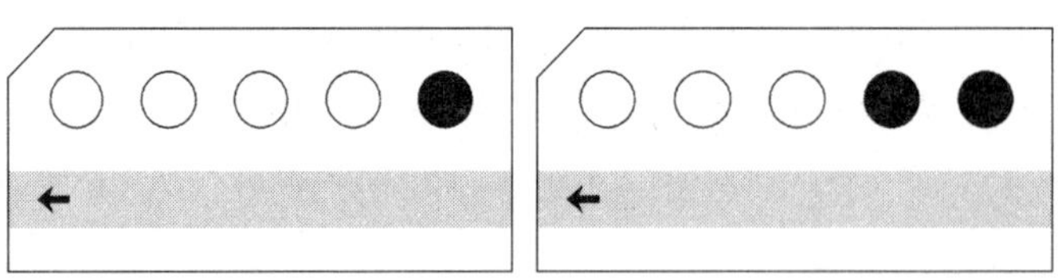

위와 같이 규칙에 따라 구멍을 뚫어 수를 표현한 카드가 천공카드입니다. 그림과 같이 천공카드는 5개의 구멍으로 이루어져 있고 검정색으로 나타낸 것은 구멍을 뚫은 것을 의미합니다. 2진법으로 이루어진 천공카드에서 구멍 뚫린 검은색 원은 1을,

구멍뚫리지 않은 흰색 원은 0을 의미합니다. 따라서 위의 천공카드를 2진법으로 나타내면 $1_{(2)}$, $11_{(2)}$과 같습니다. 각각의 구멍은 위치에 따라 나타내는 수가 다르며 천공카드를 10진법으로 바꾸어 나타내려면 구멍의 유무에 따라 해당하는 숫자를 더하면 됩니다.

천공카드의 구멍을 이용하여 수를 나타내는 방법을 살펴봅시다.

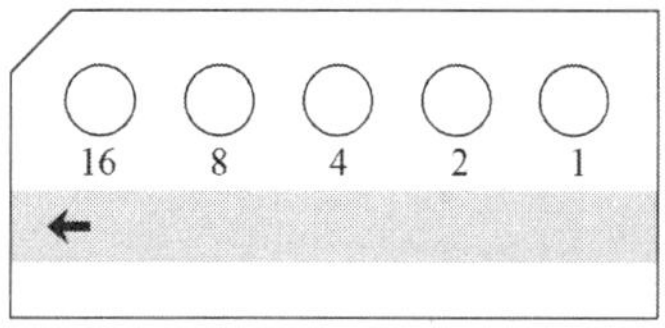

천공카드의 구멍은 오른쪽에서부터 1, 2, 4, 8, 16을 나타냅니다. 흰색 구멍은 뚫지 않은 것이고 검정색 구멍은 뚫은 것을 의미하므로 천공카드에서 검정색으로 표시된 구멍의 수를 더하면 십진수로 나타낼 수 있습니다.

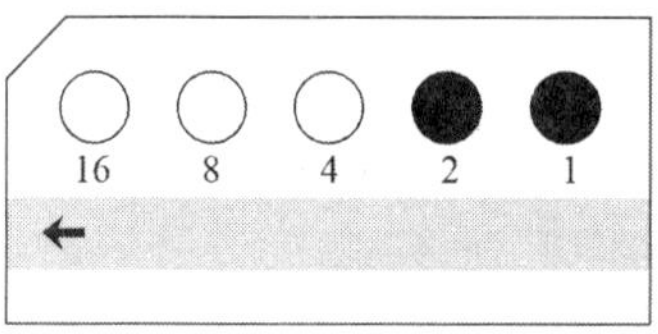

이 천공카드의 수를 2진법 수로 나타내면 $11_{(2)}$이고 10진법수로 나타내면 $2+1=3$이 됩니다.

다음 천공카드가 나타내는 수를 2진법과 10진법으로 나타내어 보시오.

(1)

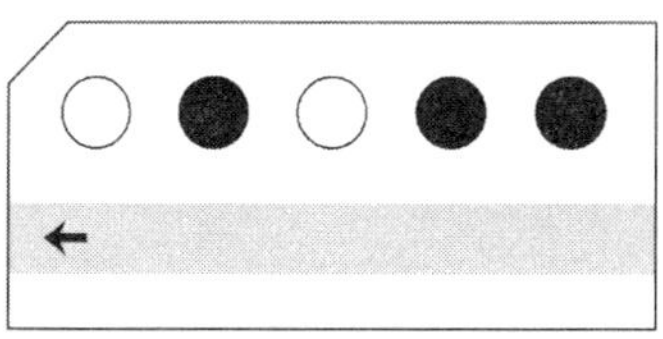

(2)

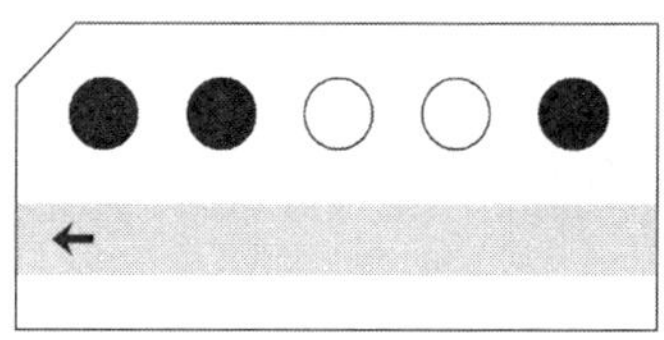

천공카드의 구멍을 차례대로 읽어가면 2진법 수는 쉽게 나타낼 수 있습니다. (1)은 $1011_{(2)}$이 되고 (2)는 $11001_{(2)}$이 됩니다. 천공카드 뚫린 구멍에 해당되는 검정색 원의 수를 더해보면 10진법 수도 쉽게 나타낼 수 있습니다.

(1)

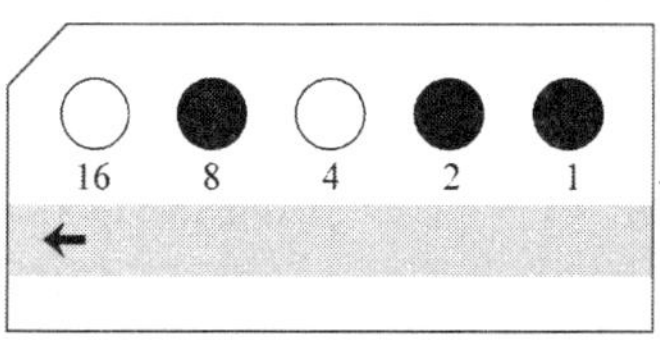

은 $8+2+1=11$이 됩니다.

(2)

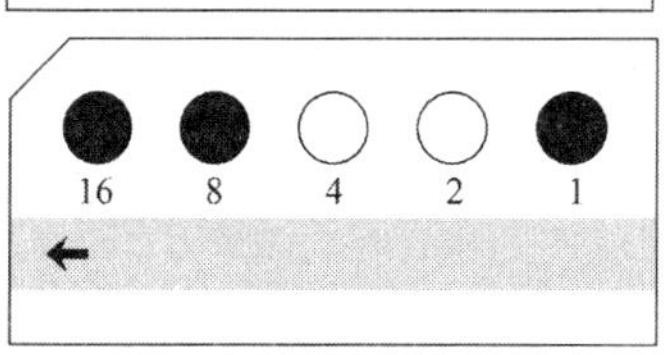

은 $16+8+1=25$가 됩니다.

천공카드로 나타낼 수 있는 가장 큰 수는 얼마일까요? 바로 $11111_{(2)}$ 입니다.

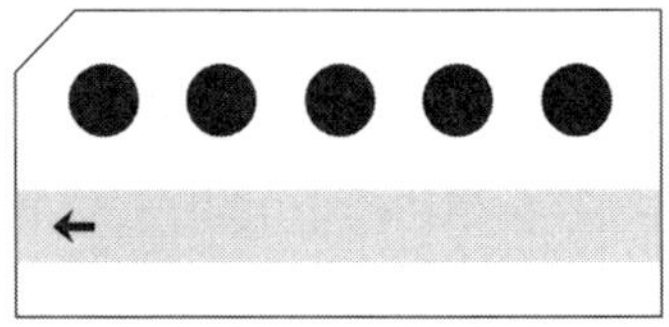

이 수를 10진법 수로 나타내면 $16+8+4+2+1=31$이 됩니다. 그럼 1부터 31까지 천공카드로 나타내어 봅시다.

1	2	3	4	5	6	7	8
○○○○●	○○○●○	○○○●●	○○●○○	○○●○●	○○●●○	○○●●●	○●○○○
9	10	11	12	13	14	15	16
○●○○●	○●○●○	○●○●●	○●●○○	○●●○●	○●●●○	○●●●●	●○○○○
17	18	19	20	21	22	23	24
●○○○●	●○○●○	●○○●●	●○●○○	●○●○●	●○●●○	●○●●●	●●○○○
25	26	27	28	29	30	31	
●●○○●	●●○●○	●●○●●	●●●○○	●●●○●	●●●●○	●●●●●	

3 태극기 속의 2진법

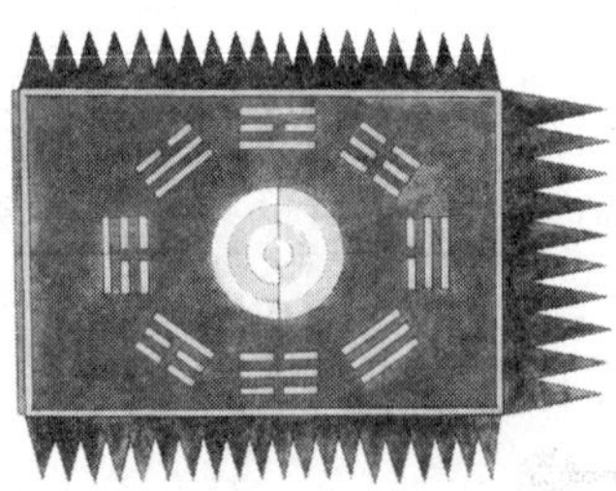

초기의 태극기로 만들어진 이것은 박영효가 1882년 8월 수신사로 임명되어 일본으로 가던 중 국기를 제정해 첫 기숙지인 고베 숙소에 처음 내걸었다고 합니다. 지금의 4괘와 달리 8괘로 이루어진 초기의 태극기에도 2진법이 숨어있다고 합니다. ▬▬ 과 ▬ ▬에 각각 1과 0을 대응시켜 2진법 수로 나타낼 수 있습니다.

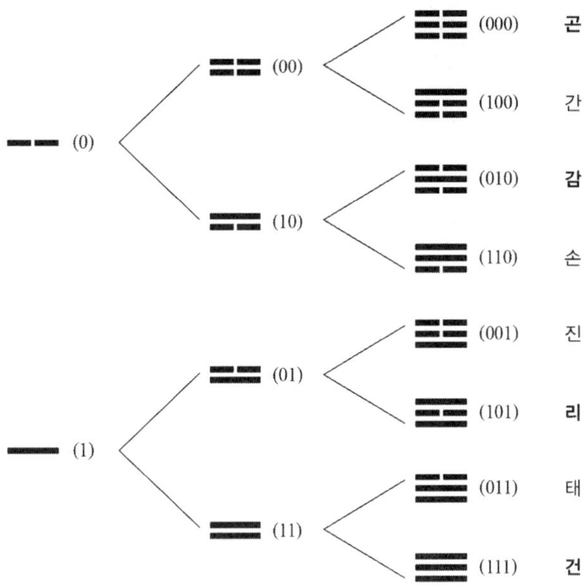

하지만 현재는 건, 곤, 감, 리 네 개의 괘만 사용되고 있습니다.

4 매직카드에 숨어있는 2진법

1	3
5	7
9	11
13	15
17	19
21	23
25	27
29	31

〈카드 1〉

2	3
6	7
10	11
14	15
18	19
22	23
26	27
30	31

〈카드 2〉

4	5
6	7
12	13
14	15
20	21
22	23
28	29
30	31

〈카드 3〉

8	9
10	11
12	13
14	15
24	25
26	27
28	29
30	31

〈카드 4〉

16	17
18	19
20	21
22	23
24	25
26	27
28	29
30	31

〈카드 5〉

5장의 매직카드가 있습니다. 이 카드로 생일날짜를 맞힐 수 있습니다. 이 카드의 비밀은 카드에 처음 적혀있는 수만 외우고 있으면 됩니다. 생일이 17일인 사람이 있다고 해 봅시다. 이 카드를 보여주며 카드에 생일 날짜가 적혀있는지만 확인하면 됩니다.

(질문) 카드 1에 생일 날짜가 있습니까?
(대답) 네.
(질문) 카드 2에 생일 날짜가 있습니까?
(대답) 아니오.
(질문) 카드 3에 생일 날짜가 있습니까?
(대답) 아니오.
(질문) 카드 4에 생일 날짜가 있습니까?
(대답) 아니오.
(질문) 카드 5에 생일 날짜가 있습니까?
(대답) 네.

생일 날짜가 있다고 대답한 카드는 첫 번째와 다섯 번째입니다. 첫 번째 카드의 첫 번째 수인 1과 다섯 번째 카드의 첫 번째 수인 16을 더하면 생일 날짜가 나오는 것입니다. $1+16=17$일이 되는 것입니다. 지금부터 여러분의 생일 날짜도 매직 카드를 이용해서 확인해 봅시다. 생일을 정확하게 찾을 수 있었나요?

규칙을 알고 있는 사람에게는 당연하지만 모르고 있는 사람에게는 신기한 마술처럼 느껴지겠지요? 매직 카드로 어떻게 1부터 31일까지 날짜를 정확하게 찾아낼 수 있는지 알아봅시다.

생일날짜가 들어있는 카드					생일날짜
1	2	4	8	16	
○					1
	○				2
○	○				3
		○			4
○		○			5
	○	○			6
○	○	○			7
			○		8
○			○		9
	○		○		10
○	○		○		11
		○	○		12
○		○	○		13
	○	○	○		14

○	○	○	○		15
				○	16
○				○	17
	○			○	18
○	○			○	19
		○		○	20
○		○		○	21
	○	○		○	22
○	○	○		○	23
			○	○	24
○			○	○	25
	○		○	○	26
○	○		○	○	27
		○	○	○	28
○		○	○	○	29
	○	○	○	○	30
○	○	○	○	○	31

매직 카드에 숨어있는 2진법을 찾아봅시다. 카드에 숫자가 있었을 때에는 1, 없었을 때에는 0으로 나타내면 각각의 수를 2진법으로 나타낸 값이 됩니다.

5 10진법 수를 2진법 수로, 2진법 수를 10진법 수로 나타내기

10진법으로 나타낸 수를 2진법으로 나타내기 위해서는 10진법 수를 몫이 0이 될 때까지 계속 2로 나누어가면 됩니다. 그리고 나머지를 역순으로 읽으면 2진법 수가 됩니다. 13을 2진법 수로 나타내는 방법을 살펴봅시다.

2)	13	
2)	6	⋯1
2)	3	⋯0
	1	⋯1

따라서 $13 = 1101_{(2)}$이 됩니다. 다른 수도 이와 같은 방법으로 2진법 수로 나타낼

수 있습니다. 45도 2진법 수로 바꾸어 볼까요?

2)	45	
2)	22	…1
2)	11	…0
2)	5	…1
2)	2	…1
	1	…0

이와 같은 방법으로 2진법 수로 나타내면 $45=101101_{(2)}$이 됩니다.

반대로 2진법 수를 10진법 수로 나타내는 방법을 살펴봅시다. 2진법 수의 각 자리가 10진법 수에서 나타내는 값을 안다면 쉽게 구할 수 있습니다. 2진법의 각 자릿수의 값을 알아봅시다.

$$\begin{array}{cccccc} 1 & 1 & 1 & 1 & 1 & 1_{(2)} \\ \downarrow & \downarrow & \downarrow & \downarrow & \downarrow & \downarrow \\ 2^5 & 2^4 & 2^3 & 2^2 & 2^1 & 2^0 \\ \parallel & \parallel & \parallel & \parallel & \parallel & \parallel \\ 32 & 16 & 8 & 4 & 2 & 1 \end{array}$$

2^5보다 더 큰 자릿수의 값은 얼마가 될까요? 2^6입니다. 각 자리 값은 이와 같은 2의 제곱수로 커지게 됩니다. 이는 천공카드를 만드는 방법과 같은 방법입니다.

$$\begin{aligned} 111111_{(2)} &= 1\times2^5+1\times2^4+1\times2^3+1\times2^2+1\times2^1+1\times2^0 \\ &= 32+16+8+4+2+1=63 \end{aligned}$$

Challenge

❶ 38을 2진법 수로 바꾸어 보시오.

2) 38

❷ $11101_{(2)}$을 10진법 수로 바꾸어 보시오.

| 참고문헌 |

송혜영(2012). 진법에 대한 역사적 고찰과 활용. 영남대학교 교육대학원 석사학위논문.
유진희(2009). 수학사를 도입한 진법의 지도 연구. 건양대학교 교육대학원 석사학위논문.
사진출처 : Wikipedia, 네이버 지식사전, 네이버 지식백과

답안지

❶

제수	몫	나머지
2	38	
2	19	0
2	9	1
2	4	1
2	2	0
	1	0

$38 = 100110_{(2)}$

❷ $11101_{(2)} = 1 \times 2^4 + 1 \times 2^3 + 1 \times 2^2 + 1 \times 2^0$

$= 16 + 8 + 4 + 1 = 29$

진법 체계-10진법과 60진법

진법이란?

진법이란 수를 표기하는 기수법의 하나입니다. 10진법이란 0부터 9까지의 10개의 숫자를 써서 10씩 한 묶음으로 하여 한 자리씩 올려가는 방법을 말하고 60진법은 0부터 59까지의 60개의 숫자를 써서 60씩 한 묶음으로 하여 한 자리씩 올려가는 방법을 말합니다.

우리 생활 속의 60진법

현재 우리가 사용하는 각도, 달, 시간 등에 사용되는 단위는 고대 바빌로니아에서 유래했습니다. 바빌로니아 인들은 쐐기문자를 발명하고 60진법의 수 체계를 사용하여 기수법을 사용하였습니다. 1시간은 60분, 1분은 60초. 우리가 사용하는 시간의 단위는 60진법을 활용한 예입니다. 또한 각도의 단위로도 활용됩니다. 지구의 공전 주기가 360일 정도가 된다는 사실을 알고 있었던 바빌로니아인들은 태양의 모습인 원을 360으로 생각하고, 360을 6등분한 60을 단위로 택해서 사용했습니다.

우리가 사용하는 60갑자의 주기 또한 60진법을 이용한 것입니다.

10간	갑(甲)	을(乙)	병(丙)	정(丁)	무(戊)	기(己)	경(庚)	신(辛)	임(壬)	계(癸)

12지	자(子)	축(丑)	인(寅)	묘(卯)	진(辰)	사(巳)	오(午)	미(未)	신(申)	유(酉)	술(戌)	해(亥)
	쥐	소	범	토끼	용	뱀	말	양	원숭이	닭	개	돼지

60갑자는 10간(갑, 을, 병, 정, 무, 기, 경, 신, 임, 계)과 12지(자, 축, 인, 묘, 진, 사, 오, 미, 신, 유, 술, 해)의 조합으로 만들어진 것으로 10과 12의 최소공배수가 60인 데서 나온 것입니다. 10진법을 쓰는 문화와 12진법을 쓰는 문화가 결합되어 60진법으로 60갑자가 생겨난 것입니다.

1 10진법 탐구

가. 고대 이집트 수 속의 10진법

고대 이집트인들은 기원전 3400년경 이전부터 상형문자를 사용하여 수를 표기하였는데, 이는 10진법에 기초를 두고 있습니다. 아래는 이집트 숫자를 나타낸 것입니다. 이집트인들이 사용한 수는 실제 대상의 모양을 본떠 만든 상형문자입니다.

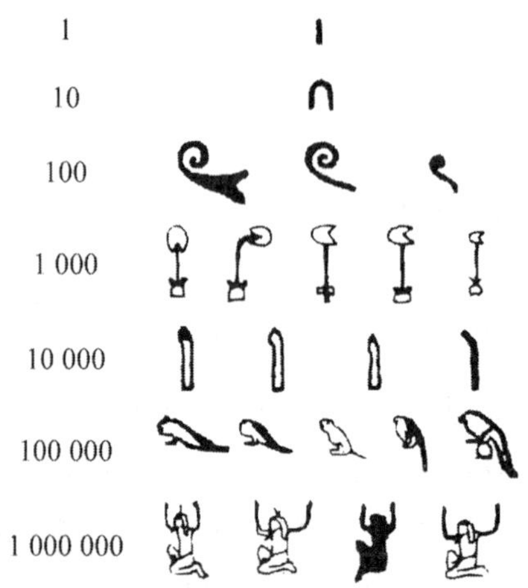

이집트인들은 십진법에 기초하여 1, 10, 100, 1000, 10000, 100000, 1000000까지에 해당하고 있는 상형문자를 만들어 수를 나타내었는데, 가법적 기수법 체계를 사용했기 때문에 위치와 상관없이 수를 나타내고 0이 없음에도 헷갈리지 않는다는 장점이 있습니다.

위의 두 수는 100+100+100+10+10+1과 1+10+10+100+100+100으로 그 값이 321로 같습니다. 이는 십진법의 체계와 같습니다.

수를 표현하는 것은 1~9를 나타내는 것과 마찬가지로 여러 개 그림으로써 더 큰 수를 표현할 수 있으며 지금은 10진법과 같은 체계를 가지고 있습니다. 아래와 같이 큰 수를 나타낼 때 여러 개의 그림을 그려야 하기 때문에 불편한 점도 있습니다.

 → 1788

나. 그리스의 10진법

기원전 840~559년 전에 그리스에서도 수형용사의 머리글자를 사용하여 수를 나타내었는데 이를 Herodianic 기호 또는 Attic이라고 부릅니다.

I(iota)는 1을 나타내고 Γ(pi)는 그리스어 penta(5)의 머리글자이고, Δ(delta)는 그리스어 deka(10)의 머리글자, H(eta)는 hekton(100)의 머리글자입니다. 그리스의 체계로 나타낸 수를 살펴보면 아래와 같습니다.

$$HHH\Delta\Delta\Gamma = 100 + 100 + 100 + 10 + 10 + 5 = 325$$

그 후 기원전 500년경부터 알파벳을 사용한 간편한 기수법이 도입되었습니다. 10을 단위로 묶는 10진 기수체계이며 27개의 알파벳 문자를 이용한 기수체계입니다.

1	α	alpha	10	ι	iota	100	ρ	rho
2	β	beta	20	κ	kappa	200	σ	sigma
3	γ	gamma	30	λ	lambda	300	τ	tau
4	δ	delta	40	μ	mu	400	υ	upsilon
5	ϵ	epsilon	50	ν	nu	500	ϕ	phi
6	ϵ	digamma	60	ξ	xi	600	χ	chi
7	ζ	zeta	70	o	omicron	700	ψ	psi
8	η	eta	80	π	pi	800	ω	omega
9	θ	theta	90	ϙ	koppa	900	ϡ	sampi

다. 로마의 10진법

로마인들은 1, 10, 100, 1000에 해당하는 수를 만들고 5, 50, 500과 같은 수를 더 만들어 5진법과 10진법이 혼합된 체계라고 볼 수 있습니다.

I	II	III	IV	V	VI	VII	VIII	IX	X
1	2	3	4	5	6	7	8	9	10

I	V	X	L	C	D	M
1	5	10	50	100	500	1000

다음 로마의 수가 얼마를 의미하는지 알아봅시다.

$$\mathrm{MDXV}=1000+500+10+5=1515$$

$$\mathrm{CCCLXIX}=100+100+100+60+9=369$$

라. 인도의 10진법

현재 우리가 사용하고 있는 기수법은 인도의 기수법입니다. 우리가 사용하는 1, 2, 3, …과 같은 숫자를 아라비아 숫자라고 부르고 있는 이유는 아라비아 상인들에 의해 전해졌기 때문입니다. 처음에는 1~9까지의 숫자만 있다가 나중에 '0'이 만들어져 10진 기수법을 확립시켰습니다. 인도의 10진법은 각각의 숫자가 위치한 자리값을 가지고 다른 수의 값을 나타냅니다. 7897에서 왼쪽의 7과 오른쪽의 7은 같은 숫자이지만 왼쪽의 7은 7000을 나타내고 오른쪽의 7은 7을 나타내므로 그 의미가 다릅니다.

자릿값	천	백	십	일
자릿값의 숫자	7	8	9	7
숫자의 값	7000	800	90	7

마. 현대의 10진법

 과 696

```
    D C      L X X   V IIII              679
+     C C C C   X X      II   과     +   422
```

앞의 오른쪽 수나 식과 같이 현대의 10진법은 아무리 큰 수라도 10개의 숫자로 쉽게 나타낼 수 있습니다. 또한 수를 알아보거나 계산하는 과정이 간단하다는 장점이 있습니다. 이처럼 간단하고 편리한 10진 기수법이 가능하게 된 가장 기호는 바로 '0'입니다. 구체물에 대응하는 수를 만들어내어 사용했던 옛날 사람들이 눈에 보이지 않는 0을 발명하고 사용하게 된 것은 쉽지 않은 일이었습니다. 이런 이유로 수의 발달 과정에서 0은 분수보다도 나중에 발명되었습니다.

2 60진법 탐구

가. 바빌로니아의 수

고대 바빌로니아에서는 진흙으로 만든 판자 위에 쐐기 모양의 문자를 새겨서 썼습니다. 그래서 이 문자를 보통 "쐐기 문자"라고 부릅니다.

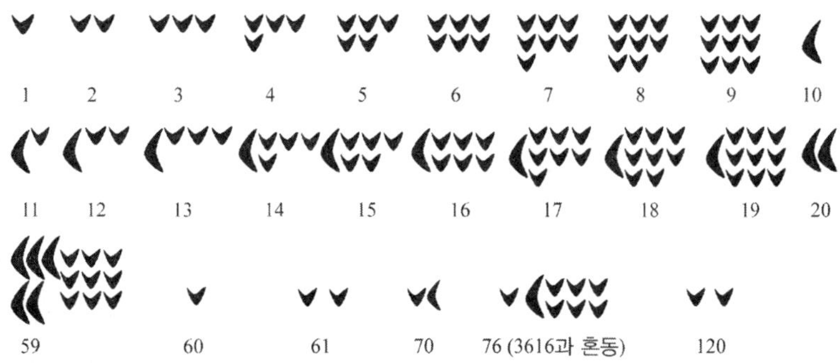

다음 글은 B.C.680~669년 아시리아 왕 아자아돈의 《검은 돌》이라는 책에 나오는 이야기입니다. 왕이 시기를 앞당긴 바빌론의 재건을 신의 뜻이라 하여 백성들이 거역할 수 없게끔 상상해 낸 것이라고 합니다. 이 도시는 B.C.689년에 아시라아의 왕에 의해 파괴되었다가 11년 뒤 그의 아들 아자라돈에 의해 재건되었다고 합니다.

> "마르듀(Marduk) 신께서는 바빌로니아를 저버리는 기간으로 70년이라는 수를 운명의 대장에다 기록하신 후, 관대하게도 자신의 결심을 바꾸셨다. 신께서는 숫자를 바꾸어 놓으셨고, 그렇게 해서 이 도시를 단지 11년 만에 다시 돌보도록 하셨다."

처음에 이 도시가 70년간 버려질 것이라고 했으므로 다음과 같이 새겼습니다.

1 ; 10 $1 \times 60 + 10 = 70$

그런 다음, 마음이 바뀐 신은 숫자를 다음과 같이 바꾸었습니다.

10 . 1 $10 + 1 = 11$

이는 바빌로니아가 60진법의 수를 사용했기 때문에 가능한 일입니다. 이처럼 정교한 60진법인 바빌로니아 수에도 불편한 점은 있었습니다. 1과 60, 2와 61과 120을 나타내는 기호가 같기 때문에 헷갈리는 문제가 있었습니다. 이 문제를 해결하기 위해 바빌로니아 사람들은 숫자 사이의 거리로 구별하였습니다. 즉 2는 가깝게 61은 두 기호 사이에 거리를 두어 기록하였는데 띄어 쓰는 거리는 사람에 따라 다르기 때문에 많은 혼란을 불러 일으켰습니다. 이러한 문제는 B.C. 3세기에 사라지게 되었습니다. 어떤 열의 60의 단위들의 부재를 표시하기 위한 기호로 또는 가 도입되었습니다. 이리하여 역사상 가장 오래된 바빌론의 '0'이 생기게 되었습니다.

나. 60진법을 10진법으로 나타내기

60진법 수는 우리가 사용하는 10진법의 수(0~9) 외에 10~59까지의 수에 임의의 기호를 붙여 나타낼 수 있습니다.(예-12진법의 경우 a(십진법 수-10), b(십진법 수-11), 10(십진법수-12)으로 나타낼 수 있습니다.) 50개의 수에 임의의 문자를 붙이기 어려우므로 바빌로니아 수를 이용하겠습니다.

우선 10진법으로 나타낸 수를 60진법으로 나타내기 위해서는 10진법 수를 몫이 0이 될 때까지 계속 60으로 나누어가면 됩니다. 그리고 나머지를 역순으로 읽으면 60진법 수가 됩니다. 69014를 60진법 수로 나타내는 방법을 살펴봅시다.

```
60 ) 69014
60 )  1150   … 14  ↑
        19   … 10
```

따라서 $69014 = 19\ \ 10\ \ 14_{(60)} =$ 가 됩니다.

역으로 을 10진법 수로 바꾸어 확인해 봅시다. 2진법 수를 10진법 수로 바꾸는 것과 같이 60진법의 각 자리가 10진법에서 나타내는 값을 이용해서 쉽게 구할 수 있습니다. 60진법의 각 자릿값을 알아봅시다.

↓	↓	↓
19	10	14
↓	↓	↓
60^2자리	60^1자리	60^0자리

60^2보다 더 큰 자릿값은 얼마가 될까요? 60^3입니다. 각 자릿값은 이와 같은 60의 제곱수로 커지게 됩니다. 자릿값에 해당되는 10진수의 값으로 바꾸어 나타내면 아래와 같습니다.

↓	↓	↓
19	10	14
↓	↓	↓
19×60^2	10×60^1	14×60^0
‖	‖	‖
68400	600	14

$$68400+600+14=69014$$

다른 수도 이와 같은 방법으로 60진법 수를 10진법 수로, 10진법 수를 60진법 수로 나타낼 수 있습니다. 468309를 60진법 수로 나타내고, 60진법 수로 나타낸 수를 다시 10진법 수로 나타내어 정확하게 했는지 확인하여 봅시다.

60)	468309	
60)	7805	⋯ 9
60)	130	⋯ 5
	2	⋯ 10

$468309 = 2\ \ 10\ \ 5\ \ 9_{(60)}$ = 이 됩니다. $2\ \ 10\ \ 5\ \ 9_{(60)}$를 다시 십진법수로 바꾸어 봅시다.

↓	↓	↓	↓
2	10	5	9
↓	↓	↓	↓
2×60^3	10×60^2	5×60^1	9×60^0
‖	‖	‖	‖
432000	36000	300	9

$$432000 + 36000 + 300 + 9 = 468309$$

Challenge

❶ 을 10진법 수로 바꾸어 보시오.

❷ 192495를 60진법 수로 나타내시오.

| 참고문헌 |

김용운·김용국(2007). 재미있는 수학여행. 서울: 김영사.

송혜영(2012). 진법에 대한 역사적 고찰과 활용. 영남대학교 교육대학원 석사학위논문.

웹진경제다반사기획팀(2012). 경제 다반사. 서울: 레디셋고.

유진희(2009). 수학사를 도입한 진법의 지도 연구. 건양대학교 교육대학원 석사학위논문.

답안지

❶

↓	↓	↓	↓
5	0	49	14
↓	↓	↓	↓
5×60^3	0×60^2	49×60^1	14×60^0
‖	‖	‖	‖
1080000	0	2940	14

$$1080000+2940+14=1082954$$

❷ $8\ 23\ 28\ 15_{(60)}=$ 

60)	192495	
60)	3208	⋯ 15
60)	503	⋯ 28
	8	⋯ 23

QR코드

QR코드란 무엇일까?

DNUE Mobile App

민주주의 꽃 선거

중앙선거관리위원회

QR코드(QR code)는 흑백 격자 무늬 패턴으로 정보를 나타내는 매트릭스 형식의 2차원 바코드로서 QR은 'Quick Response'의 약어이며, 1994년 일본의 덴소 웨이브사가 개발하였습니다. QR코드는 특정 상품의 이름, 제조사, 가격 등 간단한 정보를 단방향으로 담을 수 있었던 일반 바코드의 용량 제한을 극복하고 그 형식과 내용을 확장하여 종횡으로 2차원 형태를 가져서 더 많은 정보를 저장할 수 있으며, 사진, 동영상, 지도, 명함 등 다양한 정보를 편리하게 담아낼 수 있습니다. 보통 스마트폰, 디지털 카메라나 전용 스캐너로 읽어서 활용하는데, 현재 홍보, 마케팅, 모바일쿠폰 등 다양한 분야에서 활용되고 있습니다.

QR코드의 시작

1960년대에 접어들어 슈퍼마켓이 거리에 들어서게 되었습니다. 당시 슈퍼에서 사용하던 계산대는 수동으로 상품 가격을 입력해야 했습니다. 이 때문에 계산대 담당자 대부분은 손목 저림이나 '건초염'으로 고생을 겪었습니다.

"직원들의 부담을 덜어줄 수 없을까?"

이런 고민을 해결해 준 것이 바코드였습니다. 하지만 바코드가 보급되자 새로운 문제가 제기되었습니다. 바코드의 용량이 영숫자로 최대 20자 정도밖에 되지 않는다는 점입니다.

"코드 자체에 좀 더 많은 정보를 담고 싶다", "한자나 일본어도 표현하고 싶다". 이와 같은 요구로 인해 당시 바코드 인식기를 개발했던 DENSO WAVE INCORPORATED(당시는 현 주식회사 덴소 사업부)는 "어떻게든 이용자의 요구를 실현하고 싶다"는 마음에서 개발팀은 새로운 2차원 코드 개발을 시작하였습니다.

개발팀에게 있어 가장 중요한 과제는 어떻게 하면 고속으로 코드를 인식시킬 수 있을까 하는 문제였습니다. 어느 날, '"여기에 코드가 있다"와 같은 위치 정보를 덧붙이면 어떨까?'하는 아이디어가 개발자의 머릿속에 떠올랐습니다. 그래서 고안한 것이 네모난 모양의 "위치 찾기 심벌"이었습니다. 이 표시를 2차원 코드 안에 넣음으로 타사는 흉내 낼 수 없는 고속 인식이 가능해졌습니다.

위치 찾기 심벌이 네모난 모양이 된 이유는 장부나 전표 등에 가장 출현율이 낮은 도형이기 때문입니다. 개발팀은 광고지나 잡지, 박스 등에 인쇄된 그림이나 문자를 전부 흑백으로 고친 뒤, 그 면적 비율을 철저히 조사하기 시작했습니다. 결국 인쇄물 속에서 "가장 적게 사용되는 비율"을 밝혀냈고 그것이 1 : 1 : 3 : 1 : 1이었습니다. 이리하여 위치 찾기 심벌 흑백 부분의 폭 비율이 정해졌습니다. 주사선이 360도 어느 방향으로 통과해도, 이 독자적 비율을 찾으면 코드 위치를 계산해 내는 방식이 탄생한 것입니다.

QR코드 탐구

1 QR코드의 장점

가. 대용량 정보 수납

QR코드는 숫자, 영어, 한자, 한글, 기호 등 모든 데이터를 처리할 수 있으며 숫자는 최대 7089자, 영문자와 숫자는 최대 4296자, 한자는 최대 1817자까지 1개의 코드로 표현할 수 있습니다.

나. 작은 공간에 인쇄

QR코드는 가로/세로 양방향으로 정보를 표현함으로써 바코드와 동일한 정보량을 $\frac{1}{10}$크기로 표시할 수 있습니다.

다. 오염과 손상에 강함

QR코드는 코드의 일부가 더러워지거나 손상되어도 데이터 복원이 가능합니다.

라. 360° 어느 방향에서도 인식 가능

QR코드는 360° 어느 방향에서도 고속 인식이 가능합니다. 이는 QR코드 안에 3개의 '위치찾기 심벌'이 있기 때문입니다.

2 QR코드의 종류

가. QR코드 모델1 모델2

QR코드 모델1

QR코드 모델1은 가장 처음 만들어진 것으로 최대 버전은 14 (73×73셀)로 1167자리의 숫자까지 취급이 가능합니다.

QR코드 모델2

QR코드 모델2는 모델1을 개량하여 만든 것으로 최대 버전은 40 (177×177셀)이고 7089자리의 숫자까지 취급이 가능합니다. 현재 일반적으로 사용하는 QR코드는 모델2를 가리킵니다.

나. Micro QR코드

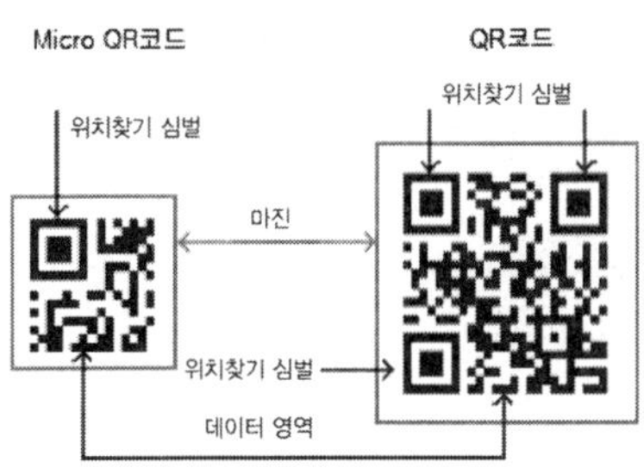

Micro QR코드의 가장 큰 특징은 '위치 찾기 심벌'이 1개인 것입니다. QR코드의 경우 3개의 코너에 '위치 찾기 심벌'을 배치하여 일정한 크기를 필요로 합니다.

또한 QR코드는 최소 4cell의 마진이 코드 주위에 필요했지만, Micro QR코드의 경우 2cell의 마진이 확보되면 됩니다. 이러한 구조로 Micro QR코드는 QR코드보다 더 작은 공간에 인쇄할 수 있습니다.

Micro QR코드는 저장할 수 있는 데이터 양이 많지 않습니다. (숫자로 최대 35자) 하지만 QR코드에 비해 효율적으로 데이터를 보관할 수 있어 데이터양이 증가하여도 그다지 코드가 커지지 않습니다.

다. iQR코드

iQR코드는 코드 위치나 크기를 간단히 인식할 수 있는 매트릭스 방식의 2차원 코드입니다. 종래의 QR코드나 Micro QR코드보다 더 작은 코드로부터 더 많은 데이터를 저장할 수 있는 대형 코드에 이르기까지, 광범위에 걸쳐 코드를 생성할 수 있습니다.

또한 장방형이나 표리 반전/흑백 반전/도트 패턴(직접 부품 마크)으로 인쇄가 가능하기 때문에, 넓은 분야에서 활용할 수 있는 코드입니다. iQR코드는 종래의 QR코드보다 더 많은 정보량을 저장할 수 있습니다. 종래의 QR코드와 같은 크기라면 80% 늘어난 정보량을 저장할 수 있으며, 같은 정보량이라면 크기를 30% 작게 만들 수 있습니다.

iQR 코드　　　iQR 코드 (장방형판)

라. SQRC

SQRC는 데이터 인식 제한 기능을 가진 QR코드입니다. 개인 정보나 사내 정보 관리 등에 활용할 수 있습니다

마. LOGOQ

LogoQ는 QR코드에 문자나 그림을 넣어 총천연색으로 만듦으로, 시각성을 높인 새로운 QR코드입니다.

일러스트/문자/로고를 디자인한 LogoQ는 의장성이 있기 때문에, 보통 QR코드와의 차별화가 가능합니다.

또한 LogoQ는 코드 생성을 위한 독자적인 로직을 이용하기 때문에, 높은 디자인성과 인식성을 양립할 수 있습니다.

3 QR코드의 원리

가. 사각 귀퉁이에 있는 네모들이 바로 Find Pattern입니다. 오른쪽과 왼쪽 상단과 왼쪽 하단에 위치합니다. 360° 어느 방향에서든 코드를 인식할 수 있도록 위치를 잡아주는 역할을 합니다.

나. 이 부분이 바로 얼라인먼트 패턴으로 코드가 일그러지거나 파손된 경우에도 인식이 가능하게 하도록 하는 역할을 합니다.

4 나만의 QR코드 만들기

인터넷이나 휴대폰 어플을 이용해서 나만의 QR코드를 간단하게 만들 수 있습니다. 다음 순서에 따라 나만의 QR코드를 만들어 봅시다.

가. 내가 넣고 싶은 기본 정보를 기록합니다.

나. 상세 정보를 입력합니다. 정보가 있는 링크 URL, 이미지, 지도, 동영상, 연락처 등 다양한 정보를 입력할 수 있습니다.

다. 입력 후 생성하기 버튼을 누르면 QR코드가 생성됩니다.

Challenge

❶ 내가 넣고 싶은 정보를 담아 나만의 QR코드를 만들어 보시오.

코드제목:

링크 URL

링크제목:
http://

소개글:

연락처:

지도:

이미지:

동영상:

* 답은 생략

| 참고문헌 |

http://www.dnue.ac.kr/
http://www.nec.go.kr/

포 포즈(Four fours)

포 포즈(Four fours)란?

19세기 말에서 20세기 초에 이르기까지 미국에서 한참 인기를 끌었던 숫자퍼즐 중의 하나로, $4\times4-4\div4=15$와 같이 네 개의 숫자 4와 다양한 수학 기호를 사용하여 원하는 자연수를 만드는 활동을 말합니다.

포 포즈의 유래

$$4\div(4+4-4)=1$$
$$4\times4\div(4+4)=2$$
$$(4+4+4)\div4=3$$
$$\cdots\cdots$$

1802년 영국의 라우즈 볼(Rouse ball, 1850~1925)이라는 수학자가 위의 방법대로 1부터 112까지의 수를 모두 나타내는 방법을 발견하고 이것을 포 포즈(Four fours) 문제라고 불렀습니다. 이후에 많은 사람들에 의해 1000까지 푼 것이 소개되었다고 합니다. 물론 이때 사용한 수학 기호는 사칙 연산 기호 외에 여러 가지가 더 존재합니다. 1에서 100까지의 수 중에는 쉽게 만들어지는 수도 있고, 만들기가 무척 어려운 수도 있습니다. 특히 초등학교 수준에서는 알고 있는 수학 기호가 $+$, $-$, $\times$, $\div$, ( ) 정도밖에 없기 때문에 만들 수 있는 수는 많지 않을 것입니다.

포 포즈 탐구

포 포즈 문제를 해결하기 위해서는 논리적 사고와 수학적 추론능력 외에도 직관력과 과제집착력이 많이 요구되기 때문에 영재교육원 시험에 자주 출제가 되었습니다. 2006년 서울교대 영재교육원 선발 시험에 출제된 포 포즈(Four fours) 문제를 함께 살펴봅시다.

> • 4를 네 번 사용하고 +, −, ×, ÷, ( )를 사용하여 1, 2, 3, 4, 5, 6, 7, 8, 9, 10, 15, 20, 44, 60, 68, 80을 만들어 보시오.

네 개의 4를 이용하여 하나씩 차근차근 만들어보면 쉬운 것도 있지만 몇 개의 수는 그리 쉽게 만들어지지 않을 것입니다. 이 문제를 좀 더 빠르고 편리하게 해결하는 방법을 생각해봅시다.

먼저 4를 여러 개 이용해서 만들어지는 수를 파악해 둘 필요가 있습니다.

① 4를 한 번 이용하여 만들 수 있는 수는 오직 4뿐입니다.

② 4를 두 번 이용하여 만들 수 있는 수는 0, 1, 8, 16, 44로 5가지가 있습니다.

식	만들 수 있는 수
$4 - 4 = 0$	0
$4 \div 4 = 1$	1
$4 + 4 = 8$	8
$4 \times 4 = 16$	16
44	44

③ 4를 세 번 이용하여 만들 수 있는 수는 0, 2, 3, 4, 5, 11, 12, 20, 32, 40, 48, 64, 176, 444로 14가지가 있습니다. ②에서 구한 5개의 수에 숫자 4를 사칙연산을 해서 구하면 다음과 같습니다.

②에서 구한 수	식	만들 수 있는 수
$0(= 4 - 4)$	$0 + 4 = 4$, $4 - 0 = 4$ $0 \times 4 = 0$, $0 \div 4 = 0$	0, 4
$1(= 4 \div 4)$	$1 + 4 = 5$, $4 - 1 = 3$ $4 \times 1 = 4$, $4 \div 1 = 4$	3, 4, 5
$8(= 4 + 4)$	$8 + 4 = 12$, $8 - 4 = 4$ $8 \times 4 = 32$, $8 \div 4 = 2$	2, 4, 12, 32
$16(= 4 \times 4)$	$16 + 4 = 20$, $16 - 4 = 12$ $16 \times 4 = 64$, $16 \div 4 = 4$	4, 12, 20, 64
44	$44 + 4 = 48$, $44 - 4 = 40$ $44 \times 4 = 176$, $44 \div 4 = 11$ 444	11, 40, 48, 176, 444

④ 4를 네 번 이용하여 만들 수 있는 수는 ②에서 구한 수 두 개를 서로 사칙연산을 해서 구하거나, ③에서 구한 수에 숫자 4를 사칙연산을 해서 구할 수 있습니다.

먼저 ②에서 구한 0, 1, 8, 16, 44의 다섯 개의 수 중에서 2개를 써서 만들 수 있는 수를 구하면 다음과 같습니다.

②에서 구한 수끼리의 사칙연산	식	만들 수 있는 수
0 + 0	(4 − 4) + (4 − 4)	0
0 + 1	(4 − 4) + (4 ÷ 4)	1
1 + 1	(4 ÷ 4) + (4 ÷ 4)	2
8 − 1	(4 + 4) − (4 ÷ 4)	7
8 + 0	(4 + 4) + (4 ÷ 4)	8
8 + 1	(4 + 4) + (4 ÷ 4)	9
16 − 1	(4 × 4) + (4 ÷ 4)	15
⋮	⋮	⋮
44 × 16	44 × (4 × 4)	704
44 × 44	44 × 44	1936

또 ③에서 구한 0, 2, 3, 4, 5, 11, 12, 20, 32, 40, 48, 64, 176, 444의 14개의 수에 숫자 4를 써서 만들 수 있는 수를 구하면 다음과 같습니다.

③에서 구한 수와 4의 사칙연산	식	만들 수 있는 수
12 ÷ 4	(4 × 4 − 4) ÷ 4	3
0 + 4	(4 − 4) × 4 + 4	4
20 ÷ 4	(4 × 4 + 4) ÷ 4	5
2 + 4	(4 + 4) ÷ 4 + 4	6
40 ÷ 4	(44 − 4) ÷ 4	10
5 × 4	(4 ÷ 4 + 4) × 4	20
40 + 4	44 − 4 + 4	44
⋮	⋮	⋮
64 × 4	(4 × 4 × 4) × 4	256
444 × 4	444 × 4	1776

이런 방식으로 문제를 해결하면 네 개의 4와 사칙연산 기호 및 괄호를 써서 만들

수 있는 모든 수를 효율적으로 구할 수 있습니다. 초등학교 수준에서는 알고 있는 수학 기호가 +, −, ×, ÷, ( ) 정도밖에 없기 때문에 만들기 힘든 수가 많습니다. 위의 문제처럼 사칙연산과 괄호를 사용해서는 11, 13, 14, 18, 19, …의 수를 구할 수가 없습니다. 물론 중 · 고등학교 수학교육과정에서 사용하는 제곱근(√), 팩토리얼(!), 거듭제곱 등 다양한 수학 기호를 사용할 줄 안다면 충분히 구할 수 있을 것입니다.

$$11 = 4 \div .4 + 4 \div 4$$

$$13 = 4! - 44 \div 4$$

$$14 = 4 \div .4 + \sqrt{4} + \sqrt{4}$$

$$18 = 4 \times 4 + 4 \div \sqrt{4}$$

$$19 = 4! - 4 - 4 \div 4$$

포 포즈를 응용한 문제들도 다양하게 만들어낼 수 있습니다. 예를 들면, 숫자 3을 4번 사용하기, 숫자 5를 5번 사용하기, 1부터 4까지의 숫자를 한 번씩만 사용하기, 주어진 식에 괄호만 넣어 식 완성하기 등 사용하는 숫자와 개수를 바꾸면 매우 다양한 문제들이 만들어집니다.

$$\log_{(0+1+2+3+4)/5}\left(\log_{\sqrt{\sqrt{\cdots\sqrt{-6+7+8}}}} 9\right) = n$$

호가트 공식

포 포즈 문제가 나왔을 당시 이와 유사한 퍼즐이 경쟁적으로 쏟아져 나왔습니다. 포나인즈(four nines)는 네 개의 9를 써서 1에서 100까지의 수를 만드는 것이고, 호가트 공식으로 유명한 0에서 9까지 열 개의 숫자를 한 번씩 사용하여 1에서 100까지의 수를 만드는 문제도 나왔습니다. 또한 그해의 연도의 네 개 숫자를 이용하여 여러 가지 수를 만드는 게임도 나왔습니다.

포 포즈를 응용한 문제를 몇 가지 더 살펴봅시다.

- 숫자 7을 네 번 사용하고 +, −, ×, ÷, ( )를 사용하여, 계산결과가 1에서 10까지 나오도록 만들어 보시오.

① 7을 한 번 이용하여 만들 수 있는 수는 오직 7뿐입니다.

② 7을 두 번 이용하여 만들 수 있는 수는 0, 1, 14, 49, 77로 5가지가 있습니다.

식	만들 수 있는 수
7 − 7 = 0	0
7 ÷ 7 = 1	1
7 + 7 = 14	14
7 × 7 = 49	49
77	77

③ 7을 세 번 이용하여 만들 수 있는 수는 0, 2, 6, 7, 8, 11, 21, 42, 56, 70, 84, 98, 343, 539, 777로 15가지가 있습니다. ②에서 구한 5개의 수에 숫자 7을 사칙연산을 해서 구하면 다음과 같습니다.

②에서 구한 수	식	만들 수 있는 수
0(= 7 − 7)	0 + 7 = 7, 7 − 0 = 7 0 × 7 = 0, 0 ÷ 7 = 0	0, 7
1(= 7 ÷ 7)	1 + 7 = 8, 7 − 1 = 6 7 × 1 = 7, 7 ÷ 1 = 7	6, 7, 8
14(= 7 + 7)	14 + 7 = 21, 14 − 7 = 7 14 × 7 = 98, 14 ÷ 7 = 2	2, 7, 21, 98
49(= 7 × 7)	49 + 7 = 56, 49 − 7 = 42 49 × 7 = 343, 49 ÷ 7 = 7	7, 42, 56, 343
77	77 + 7 = 84, 77 − 7 = 70 77 × 7 = 539, 77 ÷ 7 = 11 777	11, 70, 84, 539, 777

④ 7을 네 번 이용하여 만들 수 있는 수는 ②에서 구한 수 두 개를 서로 사칙연산을 해서 구하거나, ③에서 구한 수에 숫자 7을 사칙연산을 해서 구할 수 있습니다.

먼저 ②에서 구한 0, 1, 14, 49, 77의 다섯 개의 수 중에서 2개를 써서 만들 수 있는 1에서 10까지의 수를 구하면 다음과 같습니다.

②에서 구한 수끼리의 사칙연산	식	만들 수 있는 수
0 + 1	(7 − 7) + (7 ÷ 7)	1
1 ÷ 1	(7 ÷ 7) ÷ (7 ÷ 7)	1
14 ÷ 14	(7 + 7) ÷ (7 + 7)	1
49 ÷ 49	(7 × 7) ÷ (7 × 7)	1
77 ÷ 77	77 ÷ 77	1
1 + 1	(7 ÷ 7) + (7 ÷ 7)	2

또 ③에서 구한 0, 2, 6, 7, 8, 11, 21, 42, 56, 70, 84, 98, 343, 539, 777의 15개의 수에 숫자 7을 써서 만들 수 있는 1에서 10까지의 수를 구하면 다음과 같습니다.

③에서 구한 수와 7의 사칙연산	식	만들 수 있는 수
8 − 7	7 ÷ 7 + 7 − 7	1
7 − 6	7 − (7 − 7 ÷ 7)	1
7 ÷ 7	7 × 7 ÷ 7 ÷ 7	1
21 ÷ 7	(7 + 7 + 7) ÷ 7	3
11 − 7	77 ÷ 7 − 7	4
7 − 2	7 − (7 + 7) ÷ 7	5
42 ÷ 7	(7 × 7 − 7) ÷ 7	6
0 + 7	7 × (7 − 7) + 7	7
56 ÷ 7	(7 × 7 + 7) ÷ 7	8
2 + 7	(7 + 7) ÷ 7 + 7	9
70 ÷ 7	(77 − 7) ÷ 7	10

- 숫자 4, 3, 2, 1을 순서대로 한 번씩 사용하고 +, −, ×, ÷, ( )를 적절히 넣어, 계산결과가 1에서 10까지 나오도록 만들어 보시오.

① 연속되는 숫자 2개를 사용하여 만들 수 있는 수는 다음과 같습니다.

연속되는 숫자	식	만들 수 있는 수
4, 3	4 + 3 = 7, 4 − 3 = 1 4 × 3 = 12	1, 7, 12
3, 2	3 + 2 = 5, 3 − 2 = 1 3 × 2 = 6	1, 5, 6
2, 1	2 + 1 = 3, 2 − 1 = 1 2 × 1 = 2, 2 ÷ 1 = 2	1, 2, 3

② (4, 3)으로 만들 수 있는 수와 (2, 1)로 만들 수 있는 수를 사칙연산을 해서 1부터 10까지의 수를 구해봅시다.

①에서 구한 수끼리의 사칙연산	식	만들 수 있는 수
1 × 1	(4 − 3) × (2 − 1)	1
1 + 1	(4 − 3) + (2 − 1)	2

①에서 구한 수끼리의 사칙연산	식	만들 수 있는 수
1 + 2	(4 − 3) + (2 × 1)	3
7 − 3	(4 + 3) − (2 + 1)	4
7 − 2	(4 + 3) − (2 × 1)	5
7 − 1	(4 + 3) − (2 − 1)	6
7 × 1	(4 + 3) × (2 − 1)	7
7 + 1	(4 + 3) + (2 − 1)	8
7 + 2	(4 + 3) + (2 × 1)	9
7 + 3	(4 + 3) + (2 + 1)	10

위의 방법 외에도 풀이 방법은 매우 다양하게 나올 수 있습니다. 예를 들어, 10을 만드는 방법은 아래와 같이 모두 7가지가 나옵니다.

$$4+3+2+1=10,$$
$$(4\times3-2)\times1=10$$
$$(4\times3-2)\div1=10,$$
$$(4+3\times2)\times1=10$$
$$(4+3\times2)\div1=10,$$
$$4\times3-2\times1=10$$
$$4\times3-2\div1=10$$

Challenge

❶ 네 개의 9와 +, −, ×, ÷, ( )를 적절히 사용하여 주어진 수를 만들어 보시오.

① 1 = ______________________

② 2 = ______________________

③ 3 = ______________________

④ 7 = ______________________

⑤ 8 = ______________________

⑥ 10 = ______________________

⑦ 11 = ______________________

⑧ 18 = ______________________

답안지

❶ ① $1=99\div 99$

② $2=9\div 9+9\div 9$

③ $3=(9+9+9)\div 9$

④ $7=9-(9+9)\div 9$

⑤ $8=(9\times 9-9)\div 9$

⑥ $10=(99-9)\div 9$

⑦ $11=(9+9)\div 9+9$

⑧ $18=9\div 9\times(9+9)$

수학영재 핵심 용어 해설 1

수와 연산 영역

지은이 류성림 · 이종학 · 김경탁 · 서지수
펴낸이 조경희
펴낸곳 경문사
펴낸날 2017년 4월 3일 1판 1쇄
등 록 1979년 11월 9일 제313-1979-23호
주 소 04057, 서울특별시 마포구 와우산로 174
전 화 (02)332-2004 팩스 (02)336-5193
이메일 kyungmoon@kyungmoon.com
facebook facebook.com/kyungmoonsa

값 12,000원

ISBN 979-11-6073-002-9